「戦争学」概論

黒野 耐

講談社現代新書
1807

はじめに

奇妙な議論

自衛隊のイラク派遣をめぐる国会での議論では、派遣先のサマワが戦闘地域か非戦闘地域かの論争が盛んにおこなわれた。だが、戦闘地域と非戦闘地域を明確に区分できた戦争は、日露戦争からせいぜい第一次世界大戦までの話であって、第二次世界大戦ではすでにその概念は通用しなくなっている。日露戦争では、日本軍とロシア軍が戦っている前線から大砲の弾がとどく範囲以外は非戦闘地域であった。第一次世界大戦も基本的には同じだったが、航空機の出現によって戦闘地域は飛行機の航続距離までひろがった。とはいえ、それはあくまでも限定された広さであった。

ところが、第二次世界大戦になると航空機の飛躍的な発達によって、日本軍が西太平洋の島々で米軍と死闘を繰り広げているとき、日本本土も戦略爆撃機によって攻撃にさらされた。すでに本土さえ非戦闘地域ではなくなっていたのだ。

ブッシュ大統領が戦闘終結宣言をして以降にイラクで展開されている戦い（第二幕の戦い）は、第二次世界大戦とはまったく性格の違う、ベトナム戦争とも趣を異にするテロ戦争という新しい戦争である。イラク全土が戦場ではあるが、両軍がにらみ合う前線などは存在しない。テロが頻発しているバグダッドでも、テロがないときには普段の日常生活が営まれているのだ。

この例を見ても、戦闘地域か否かなどという非現実的な議論に終始する日本の政治家が、戦争についていかに不勉強であるかがわかる。イラク派遣部隊は復興支援に行くのであって、米軍戦闘部隊の後方支援に行くのではない。たしかにテロやゲリラの襲撃をうければ、当然、自衛戦闘をおこなって自らを守ることになるが、これは憲法の禁止する侵略戦争とは月とスッポンほどの違いがある。行動の目的がまったく違うのだ。そのような行動について、第二次世界大戦以前の戦争観で議論すること自体が間違っているのである。

問題の本質は、危険を冒してでも世界の平和と安定に貢献するのか、これまでのように知らぬ顔の半兵衛を決め込むのかという、国家としての基本的政策にある。その利不利をこそ、議論の焦点とすべきなのだ。

また二〇〇五年には、ミサイル防衛システムによる迎撃手続きを定める国会の審議で、発射から一〇分間で日本に着弾する弾道ミサイルを迅速に迎撃するため現場指揮官の裁量を大幅に認めることと、その際の文民統制の確保との関係が問題となった。だが、ここでも、日本の政治家がミサイル防衛と文民統制の本質を理解していないことが露呈された。

ミサイル防衛システムは、敵国が日本をミサイル攻撃してこないかぎり、発射のしようのないシステムである。弾道ミサイルを日本に向けて発射した時点で、その国は日本に戦争をしかけたのであり、ミサイルを即座に撃ち落としたところで、日本は固有の自衛権を発動したのであって非難されるべき筋合いではない。

弾道ミサイルは訓練中のミスによる発射もなしとしないし、情勢緊迫時でも訓練か戦争開始の準備かを判断できない場合もある。いずれにしても、日本に向かって発射された以上、即時に撃墜すべきであり、その行為はこちらが外国に弾道ミサイルを発射するのとは本質的に違うのである。平戦両時にかかわらず、弾道ミサイル攻撃をうけた場合はただちに撃墜できるよう国会の審議によって自衛隊法を改正しておけば、文民統制は確保できたことになる。形式的手続きにこだわって、予想できない「隙間」を作ることの方がよほど危険である。

要するに、侵略戦争を開始するための作戦行動と、弾道ミサイル攻撃に対する自衛行動の違いが、一見わかっているようでその実まったく理解できていないことが、このような不毛な議論を生んでいるのだ。

第二次世界大戦のトラウマ

戦争や軍事にかんして、日本以外の国では考えられないような議論がまかり通るのは、第二次世界大戦において軍部が独走して日本を悲惨な戦争に引き込んだというトラウマ（精神的外傷）ゆえに、危ないことには一切かかわらなければ戦争をしないですむというバーチャルな観念に日本人が閉じ込もってしまったからである。また、マッカーサー元帥の日本弱化政策とあいまって、軍事は「悪」であり、そんなものを勉強するとまた戦争を起こすといった風潮が定着し、戦争や軍事についての講義が大学から追放され、国の指導者たちですらまともに勉強したことがないからである。

こうしたなかで育った人たちが大半を占める世の中であれば、さきの奇妙な議論が国会で闘わされるのも不思議ではない。第二次世界大戦後も世界では戦争が絶えることがなかったが、日本は六〇年間も戦争に巻きこまれることなく安穏と過ごしてきた。それは平和憲法のおかげではなく、日米同盟の手厚い庇護と、国益を侵されても低姿勢を通し、目をつぶって現実から逃げてきたからなのである。

だが二〇〇五年になって、こうしたツケが一気に回ってきたようだ。枚挙にいとまがない一連の中国による反日行為、日本人を拉致しておいて居直る北朝鮮の核による威嚇、韓国では盧武鉉《ノムヒョン》政権による対日批判の嵐……などである。

こうした四面楚歌のなかにあっても、日本は相変わらずの姿勢を貫いている。そうしてさえいれば、これまでのように当面の争いは避けられるであろう。だが、真綿で首を絞められるように、国益は少しずつ侵されていくのだ。

戦争を避けるためには戦争を知るべきだ

戦争には巻き込まれたくない。そのためには、現実に起きている戦争から目を背け、日本人の犠牲さえ出さなければよい――そのようなバーチャルな世界に閉じこもっていることは、結果として日本をより危険な状況に陥れていく。かつて英首相チェンバレンの対ナチ宥和《ゆうわ》政策が、第二次世界大戦という、より悲惨な事態を招いてしまったように。ヒトラーが侵略戦争をはじめる前の段階、つまりベルサイユ条約に違反して軍備増強を開始したときに、英国とフランスが当面の紛糾をおそれずに介入していれば、オーストリアやチェコスロバキアの併合すらも阻止できたのである。

二一世紀に入ると、これまで世界の戦争に背を向けていた日本もようやく、アフガニスタン（以下アフガン）戦争における海上での後方支援や、テロ戦争が続くイラクでの復興支援に乗りだした。これまでの日米同盟や国際社会の恩恵にたいして、返礼しなければならなくなったのである。さすがに、日本さえ平和ならいい、では通用しなくなったのだ。

国権を発動するための軍事力を国外で使用しないことは言うまでもない。しかし、侵略に対しては、日本は断固として戦う姿勢と備えを示し、堂々と権利を主張し、世界への貢献をおこなうことである。そのためには政治家はもちろん、政治家を選び監視する国民も、戦争というものの大要は知っておかなければならなくなる。トラウマを脱し、大学でもタブーとされてきた戦争学や軍事学の講座をもうけ、戦争とは何なのかを正しく知るべきなのである。

多くの日本人は誤解しているが、暴走するのは軍人だけではない。世界の歴史を見れば、戦前の日本は特異な例とすら言えるのだ。むしろ、政治家がみずからの野望や誤った判断によって戦争を起こし、無用な犠牲の拡大をきたした例のなんと多いことだろうか。

こうした事態を防ぐために、欧米の大学には戦争学あるいは軍事学の講座がある。ロンドン大学のキングズ・カレッジには戦争学部も設けられている。こうして少なくとも戦争学の基本を大学で学んだ者たちが、政治や外交での指導的立場についていく。だから、日本のような幼稚な議論はまず見られないのである。

地政学の座標

これまで述べたような問題意識に立って、本書では以下に述べる三つの視点から近現代の戦争を俯瞰《ふかん》していきたい。

まず第一の視点としては、欧米では平戦両時を通して大戦略の基礎として普遍的な考え方となっている地政学の視座から見ていきたい。

戦争は政治目的を達成する一つの手段であるから、政治目的を具体化した大戦略の基礎となっている地政学の視点は欠かせない。さらに地政学によって、地球という舞台の上で同時進行する国際関係を、地理的概念を基礎に全体的につかむことが大切である。極度に簡略化し、図式化した国際関係図をもとに歴史的な大きな流れを把握することは、戦争を大局的に理解することを容易にする。

このために、「海洋国の地政学」としてマッキンダー、マハン、スパイクマンの理論をとりあげる。マッキンダーの理論は、地政学の出発点となるものであるし、マハンやスパイクマンの理論は現在の米国の大戦略を理解するのに役立つ。一方、「大陸国の地政学」としてはラッツェルとチェレン、ハウスホーファーの理論を採りあげる。ハウスホーファーの理論はヒトラーに大きな影響をあたえたし、大日本帝国の政策にも関係している。

そして、これらの理論が冷戦下、冷戦後から9・11テロ事件後にいたるまで、どのように関係し、展開しているかを概括してみる。

戦争は「政治」が起こす

日本は軍部の独走によって第二次世界大戦に参入していったことから、「戦争は軍人が起こす」といった先入観に陥っているきらいがある。が、クラウゼヴィッツが『戦争論』で「戦争は政治における とは異なる手段をもってする政治の継続にほかならない」と定義しているように、戦争は「政治」が起こすのであり、「軍事」は「政治」の命によって戦争を実行するのである。戦争の開始は「政治」が決断し、戦争目的と実行の大綱を示し、戦争の終結を決め、戦後の処理をする。

近現代の戦争はヒトラーや金日成《キムイルソン》のような政治指導者の野望によってはじまったり、政治指導者の誤った判断により無用な犠牲を出したりすることのほうが多い。戦争指導における「政治」と「軍事」の関係は、戦争の行く末を左右する重要な要素でもある。

したがって、本書では第二の視点として、「政治」と戦争、戦争における「政治」と「軍事」の関係を採りあげる。戦争を政戦略的レベルの問題に焦点をあててみていくことで、シビリアンコントロールとは「政治」が「軍事」に優先することであり、政治指導者がその時々の戦争を正しく理解し、正しい判断を下すことが基本であることが理解できるようになる。戦争指導がうまくいかないのは、政治指導者が戦争を知らないためである場合が多い。正しい判断ができないから、軍指導者に示すべきことを示せず、軍事行動の枝葉末節に介入することしかできないのである。

具体的にはフランス革命戦争前後からイラク戦争までの戦争について、政治との関係をみていきたい。

戦争はカメレオンのように姿を変える

戦争も社会の変化発展とともに、カメレオンのように姿を変える。しかし、そこにはその変化をとらえて、その時代をリードする中心的思想がある。第三の視点としては、これまでの時代を画《かく》した戦争の中心的思想を見出し、時代の変化とともにそうした思想がどう変化していったかを見ていく。

戦争における中心的思想は、過去の戦争の研究が基礎となって普遍の真理らしきものが導き出され、これに社会の変化が加味されてつくられる。しかしその思想は適切な場合もあれば、不適切な場合もある。だが、いずれにしても中心的思想は大戦略—戦略—戦術と具体的にブレークダウンされて、陸軍大学や海軍大学などで軍指導者に教育されて普及され、それにもとづいて次の戦争が戦われることになる。

本書では、絶対王制時代の代表的な戦争としてプロシアのフリードリッヒ大王の制限戦争からはじめ、その戦争を大きく変えたナポレオン戦争、そしてナポレオン戦争の教訓から『戦争論』を書きあげたクラウゼヴィッツの思想、その思想にもとづいて戦われた第一次世界大戦、この戦争の批判から生まれたリデルハートの思想、その思想が一部採り入れられたものの全体としてクラウゼヴィッツの思想で戦われた第二次世界大戦をみていく。

ついで、第二次世界大戦末期に出現して大国間の戦争を抑止した核戦略と、その間隙を縫って戦われたゲリラ戦と局地制限戦争を追ってみる。そして、9・11テロ事件によってはじまった新しいテロ戦争、その延長線上に生起したアフガニスタン戦争とイラク戦争を考える。

イラク戦争は、四二日間でイラク軍を撃破して全土を制圧したハイテク戦争と、そのあとにあらわれて現在もつづいているテロ戦争の二つの戦争からなる。ハイテク戦争は、リデルハートが提唱した間接アプローチ戦略が完成された形で開花したものだった。

このように時代の変化とともに姿を変えた戦争にも、そこには戦争の本質ともいうべき普遍の部分がある。何が変化し、何が変わらないのかを第三の視点では見ていきたい。

そして最後に、日本をとりまくアジア太平洋の戦争を考え、日本が近未来に直面するかもしれない危機に対してももつべき基本的な考え方をまとめてみたい。

目次

第一講　地政学と大戦略

ハートランドの概念図

マッキンダーの1904年の地図

マッキンダーの1919年の地図

（奥山真司『地政学』より）

1 海洋国の地政学――マッキンダーの理論

日本が排斥した地政学

いきなり「地政学」という、聞きなれない話からはじめるのにはわけがある。じつは日本人にとっては闇に葬り去られたも同然のこの学問が、日本以外のほとんどの国では国家戦略や外交・軍事戦略といった大戦略（グランド・ストラテジー）の基礎にあって世界情勢を動かしてきたし、今後も動かしつづけるからである。

クラウゼヴィッツは『戦争論』のなかで、「戦争は政治におけるとは異なる手段をもってする政治の継続にほかならない」と定義している。つまり、戦争は政治目的を達成する一つの手段であるから、政治目的が具体化された大戦略の基礎となっている地政学を抜きにして、戦争学を語ることはできないのである。

地政学は、地球という舞台の上で同時進行する国際関係について、地理的概念を基礎としてその全体の動向をつかみ、そこから現在と将来にわたる国家戦略など大戦略に必要な判断の材料を引き出そうとする学問である。したがって、地政学は現実の国際関係に即効的に影響する。

地球的規模にコミュニケーションが発達した現在でも、たとえばユーラシア大陸の東端の沖合にあるという日本の地理的な位置は変わらないし、海上交通に依存して大量の資源を輸入し、製品を輸出するという日本の条件は絶対に変わらない。このような地政学がもつ不変的要素が、大戦略を構想し立案する土台になっている。

地政学は、さまざまな地理的要因の組み合わせを極度に簡略化して図式化する。これとともに、過去からのつながりを明らかにして、歴史的な大きな流れを把握する。これらを総合的に勘案して、単純明快な大戦略の指針を導き出すのである。

『文明の衝突』で有名なサミュエル・P・ハンチントンは、世界について真剣に考え、効果的に行動しようとするなら、多少の細かい間違いがあっても、現実をある程度単純化したパラダイムが必要であると指摘している。複雑な国際情勢の動きを理解し、対応していくためには、現象を単純化する作業は欠かせないのである。

世界の国々は、この地政学的思考によって大戦略を定めて動いている。なかでも米国の国家戦略づくりに携わっている学者や知識層は、地政学的分析を一つの柱として参画している。ところが、日本には地政学を研究している機関もなければ、大学での講座もない。日本には国家ほんのごく一部の研究者が、ほそぼそと個人的に研究しているだけである。

戦略がないといわれる原因の一つが、ここにある。

日本でも戦前は地政学の研究は盛んだった。だが、マッカーサーの占領政策とも関連して、平和主義信仰に転換した知識人が、大東亜共栄圏構想や大陸進出の基礎になったとして、平和を乱す危険な学問と断定して地政学を排斥してしまった。しかしそれは、地政学が悪いのではなく、その研究が不十分であったうえに適用を誤っていたからである。世界が地政学的視点を基礎にして動いているかぎり、それに目をつぶることは、日本の安全と国益を危険で不利な状況に陥れることになるのだ。

ハートランドを制する者は世界を制す

地政学を学問として確立したのは、英国の地理学者ハルフォード・マッキンダー（一八六一～一九四七）であった。マッキンダーは一九〇四年、ロンドン大学政治経済学院長に就任し、約二〇年間にわたって経済地理の講義をおこない、多くの英連邦諸国の政治家や外交官を世に送り出した。彼の打ち立てた理論は、ドイツ、ソ連、さらにはアメリカ地政学の基礎となっている。その理論を要約すると、つぎのようなものである。

人類の歴史は、ランドパワー（陸上勢力）とシーパワー（海上勢力）による戦いの歴史であり、これからはランドパワーの時代となる。

シーパワーとは、平戦両時を通して海上交通を維持して保護する力であり、海軍力だけではなく、基地や寄港地を整備し維持できる力もふくまれる。海洋国家をイメージすればよい。対してランドパワーとは、大陸内部を根拠地として平戦両時を通して土地を占領支配し、陸上交通・輸送を維持し保護する力をいい、大陸国家をイメージすればよい。

マッキンダーは世界、つまり西洋の歴史をユーラシア内陸からくる刺激や圧力によって形作られてきたと考え、三つの時期に区分した。東からの騎馬民族に圧倒されていたランドパワー優勢の時代。ルネッサンスを経て西欧諸国が大航海に乗り出し、東洋を押し返したシーパワー優勢の時代。そして、これからは大陸長距離鉄道の建設がすすんで陸上交通が主役になり、ランドパワーが優位をしめる時代である、と。

このシーパワーとランドパワーの闘争という歴史観は、地政学の根本的なものの見方であり、シンプルなだけに世界の行動原理を分析するのに有効である。現に世界の歴史を見ても、ランドパワーとシーパワーが交じり合う地域で大きな戦争や紛争が発生している。

マッキンダーが、これからはランドパワー優勢の時代と考えたのは、三つの戦争の結果と、英国の制海権が衰退する予兆を見てとったことからであった。三つの戦争とは、一つは、一八七〇年に鉄道網を活用したプロシア（ドイツ）が、短期間にフランスを降した普仏戦争である。二つは、一八九九年から一九〇二年にわたって、英国が南アフリカで戦ったボーア戦争（南ア戦争）である。英国はどうにか勝利をおさめたものの、国力を大いに衰退させた。そしてもう一つが、日露戦争であった。ロシアはシーパワーの日本に敗れたものの、兵力輸送においてシベリア鉄道の威力を見せつけた。シベリア鉄道がなかった日清戦争時には極東にわずか三万ほどの兵力しか展開できなかったロシア軍は、日露戦争では五〇万以上もの兵力を投入することが可能になったのである。

また、英国の海上覇権衰退の兆候は、〇二年に栄光ある孤立政策をすてて、日英同盟を結んだことにあらわれていた。日本のシーパワーを利用して補完しなければ、地中海からスエズを経て極東に至る制海権を維持できなくなったのだ。

そこでマッキンダーは、衰退しはじめた英国の覇権を延命するために、英国民の自由貿易と海軍力への信仰に警鐘を鳴らし、地理を政治に結びつける体系的な学問・知識としての地政学を提唱し、鉄道によるランドパワー充実の重要性を指摘したのだ。

マッキンダーの理論にはもう一つ、次のようなものがある。

東欧を制する者は「ハートランド」の死命を制し、「ハートランド」を支配する者は「世界島」（ユーラシアとアフリカ）の運命を制し、「世界島」を支配する者は全世界に君臨する、というものだ。

マッキンダーの眼で見ると、ヨーロッパはユーラシア大陸の西にある半島である。ヨーロッパ半島が内陸からの圧力を防ぐのに一番重要な場所は、バルト海と黒海にはさまれたヨーロッパ半島の根元となる東欧から東側の地域である。ランドパワーによる大陸からの侵攻は、つねにこのルートを通っておこなわれた。したがってマッキンダーは、東欧とその東側の地域こそがヨーロッパ全域、ひいては「世界島」の安全にとって死活を左右する重要な空間であると指摘したのだ。

この東欧の東側の地域にひろがる重要な地域を、マッキンダーは「中軸地帯」と名づけ、のちに中軸地帯と東欧の最重要地域をふくめて「ハートランド」と改称した。

このハートランドを制するランドパワーとして、マッキンダーはロシアとドイツを想定し、露独が同盟した場合は英国の世界覇権に最大の脅威になると考えていた。そこで英国の外交戦略としては、ロシアとドイツを分断しておくことが重要となる。そして、英国とドイツとの間に位置するフランスの存在が、外交戦略上のポイントとなるのである。

両大戦におけるハートランドの攻防

マッキンダーの視点から第一次世界大戦をみると、基本的にはまさにユーラシア大陸の心臓部を制覇しようとするドイツ中心のランドパワー連合と、これを阻止しようとする英米仏などのシーパワー連合との戦いであった。英国は、海軍によってドイツ本国とその植民地間の海上交通線を遮断し、陸軍を無傷でヨーロッパ大陸に派遣し、フランスとの連合によって戦線を大陸内部に進めた。一九一七年になってロシアが革命により戦線から離脱し、米国が参戦して、戦争は文字通りシーパワーとランドパワーの激突となる。

そして今後の世界平和を保障するためには、東欧を一手に支配する強力な国家の出現を絶対に許してはならないと考えた。このためには、ユーラシア大陸を独占的に支配する国家が出現しないように、たえず集団的な監視を怠ってはならないというのである。

第二次世界大戦でも、ナチス・ドイツのユーラシア制覇を阻止するために、米英仏などシーパワー連合はソ連というランドパワーの新興国を援助して戦った。ところがナチス・ドイツを破ったものの、新たにソ連がランドパワーの盟主としてユーラシアを支配するという危機を招いてしまった。

そこで戦後のシーパワーの構成について、米国が縦深的（脅威に対する地理的な間合いの奥行きが深いこと）な防御の面を担当し、英国は有力な外堀をそなえた前進基地としての役割を果たし、フランスは防御能力をそなえた橋頭堡《きょうとうほ》の役割を担うことになる、という意見をマッキンダーがもっていたことは興味深い。この構想が具体化され、まさにＮＡＴＯ（北大西洋条約機構）という集団同盟の成立をみるのである。

一方、両大戦をランドパワーの立場からみると、ドイツがとるべき戦略はバルト海と黒海に挟まれた東欧を完全に確保し、この二つの海を閉鎖海にしてシーパワーの接近を排除してハートランドの心臓部を完成させる。そして、地中海に進出して制海権を確保し、ユーラシアとアフリカを一体にして制圧し、世界島に君臨するということになる。

両大戦ともにドイツが、まずロシア（ソ連）ではなくフランスを攻撃したのは、ロシアよりも英国を恐れていたからであった。とくに第一次世界大戦では、ドイツは英国が介入する前に、その橋頭堡であるフランスの攻略を企図したものと思われる。橋頭堡とは、シーパワーが大陸に進出するときの足がかりとなる場所であり、ランドパワーの攻撃を支えられるだけの地理的な条件を備えていなければならない。英国にとってヨーロッパ大陸への橋頭堡はフランスしかなかった。ドイツは、フランスを確保して英国の参戦を封じれば、ロシアを攻撃しなくてもハートランドの支配権は熟柿《じゅくし》のように手元に落ちてくるとみて、間接アプローチといわれる戦略を選んだのだ。

したがって英国は、ドイツによるハートランドの支配を阻止するために、フランスを支援してヨーロッパ大陸に陸軍を投入することを対独戦略の第一義としたのである。

こうした歴史の展開をみても、英国は、島国としての利点を生かしたシーパワーを駆使して、世界島を独占する国家（群）の出現を許さず、勢力均衡（パワー・オブ・バランス）を維持する大戦略を実現してきたことがわかる。しかし二〇世紀に入ると、英国独力では世界島を対象とした勢力均衡戦略の継続が難しくなり、新たなシーパワーの編成と連携の必要に迫られていたのである。

このような両大戦の経緯からも明らかなように、大戦略は地政学的基礎のうえに組み立てられているのである。

2 海洋国の地政学――マハンとスパイクマンの理論

米国の地政学的特徴とモンロー主義

ところで米国は大陸国家的な特徴をそなえていると同時に、マッキンダーがアメリカ大陸をハートランドの外側にある「三日月地帯のなかの大きな島」としたように、太平洋と大西洋に囲まれた海洋国家的な性格をもそなえている。両洋に面するということは、米国はヨーロッパ大陸部のランドパワーによる脅威だけでなく、同時に大陸アジアの勢力をも警戒しなければならないことを意味する。

こうした米国の地政学的特徴を背景にして、モンロー主義という独特の理論が登場する。一八二三年にモンロー大統領が声明した、つぎの三原則がそれである。
①アメリカ大陸に対する将来の植民地活動の禁止。
②大陸ヨーロッパの政治組織を西半球に拡大しようとする一切の試みは、米国民の平和と安全に対する危険であると見なす。
③米国からはヨーロッパ諸国の内政に介入しない。
当時、ヨーロッパ諸国はナポレオン戦争の危機を脱し、アメリカ大陸への植民地活動を再開しようとしていた。ロシアはすでに北西部太平洋岸に進出していたし、スペインはカリフォルニアへの植民をすすめ、フランスは旧スペイン領諸国を統一しようとしていた。こうしたヨーロッパ諸国の動きに対して、独立後間もない米国には、独力でこのモンロー主義を実行する力はなかった。強力なフランスやスペインの勢力と対抗するためには、英国のシーパワーに頼るしかなかったのだ。

一方、英国には、アメリカ大陸にフランスの勢力が復活したら自国の貿易が制限されるという事情があった。そこで米国と共同行動をとることにし、旧大陸における勢力均衡戦略を新大陸にも適用しようとした。このように当初のモンロー主義は、英国海軍力の庇護のもとで効力を発揮したのである。

米国は西進してメキシコ領だったカリフォルニアを併合すると、両洋をむすぶ連絡ルートの必要に迫られ、パナマ運河の建設をめざした。そして九〇年の建艦計画から、外洋海軍の建設にもとりかかった。九八年の米西戦争（スペインとの戦争）のころから、カリブ海における英米の力関係は米国優位に転換していった。カリブ海は西半球の地中海とも呼ばれる要衝であり、パナマ地峡は大西洋から太平洋に出入りする最短の通路であった。米国がこれらの地域を制することは、そのシーパワーの発展に大きな意味をもたらした。

カリブ海における英米の力関係の逆転は、米国が英国につぐ世界第二の海軍国をめざした成果のあらわれといえた。だが一方では英国が、ボーア戦争や北清事変（義和団事件）の勃発、ロシアの極東進出、ドイツ海軍の増強などの事態に対応するため、カリブ海など遠隔地から海軍を引きあげて、ヨーロッパ海域に集中する必要が生じたからでもあった。

米西戦争に勝利した米国は、カリブ海においてキューバとプエルトリコを、太平洋ではフィリピンとグアムを領有した。さらに九八年から翌年にかけて西進し、ハワイ諸島を併合し、ウェーク島・ミッドウェー島・サモア諸島を占領し、両洋にまたがる海洋支配権への基礎を築いた。そしてセオドア・ルーズベルト大統領が、一九〇四年の年次教書で「われわれはモンロー主義を主張し……極東において戦場を限定するために努力をし、さらに中国の門戸開放を維持することによって、合衆国自身と人類全体の利益のために行動した」と声明し、モンロー主義を太平洋にまで拡大したのである。

マハンのシーパワー理論

米国の一九世紀末から二〇世紀初めにかけての急激な膨張政策を、海軍戦略の面からリードしたのがアルフレッド・T・マハン(一八四〇〜一九一四)であった。マハンは米国が海洋国家に転身するに際して、モンロー主義の積極的な自己主張を代弁したともいえる。

マハンは海軍大学校において、英国の海軍と海上貿易の関係をシーパワーの発展モデルとして研究し、シーパワーが歴史の流れや国家の繁栄におよぼす影響を体系化した。そのうえで海洋国家アメリカの任務と課題を引きだし、海の支配力を建設する大戦略を見いだした。その講義録をまとめて発刊された著作『シーパワーの歴史に及ぼした影響』は、日本でも翻訳されて『海上権力史論』として刊行されている。

マハンは、一七世紀から一八世紀にかけて英国が世界の覇者となりえた理由は、強大な海軍の保護下での通商の拡大にあったことを論証した。通商活動を拡大するためには商船隊の編成が必要であり、これを軍が保護するには大海軍の保有が必要となる。世界貿易を拡大する海軍力と国家の発展は、循環関係にあるという理論であった。

つまりマハンは、「生産」「海運」「植民地」という循環する三要素が、海洋国の政策のカギであり、それを支えるために必要な商船隊と海軍力と根拠地をシーパワーと総称した。すなわちシーパワーとは、海軍力の優越によって制海権を確立し、そのもとで海上貿易をおこない、海外市場を獲得して国家に富と偉大さをもたらす力である、というのだ。

マハンの戦略の神髄は、つぎの三原則に集約される。

第一に、広義の海軍戦略は、戦時だけでなく平時においても国家のシーパワーを建設し、支援し、そして増強することを目的とするという「国益と不可分」の原則。

第二に、海洋支配こそが海軍の真の目的であり、艦隊決戦はその達成のための手段である。艦隊決戦に必要な海軍力は両洋に分散することなく、決戦海域に集中して優勢を保持すべきであるという「目的の単一化と集中」の原則。

そして第三に、海軍の支配力は根拠地と海上交通線に支えられなければ、存在できないという「根拠地」の原則である。

さらにその理論でもう一つ注目されるのは、「いかなる国も、シーパワー大国とランドパワー大国を両立することができない」という指摘である。

実際、大陸軍国の帝政ロシアは大海軍を建設して日本海軍に挑んだものの撃滅されたし、ソ連も大陸軍と大海軍を建設して米国と冷戦を戦ったが力尽きて潰《つい》えた。ドイツ帝国もナチス・ドイツも、陸軍は優勢を築きながら海軍力の差で米英の前に敗れた。こうしてみると、大陸軍国でありながら現在、海軍力を増強して海洋への進出を加速している中国が、歴史の同じ轍《てつ》を踏むのかどうかが興味深いところではある。

マハンの理論は英国で賞賛されただけでなく、米国でもルーズベルトがこれを絶賛し、また議会もこの理論にならい一八九〇年の海軍法において三隻の戦艦の建造費を承認した。さらに海軍政策委員会は、攻勢作戦用の航続距離の長い戦艦群を中核とする、艦艇二〇〇隻以上の大艦隊の建設を勧告した。

シーパワー理論と「明白な運命《マニフエスト・デスティニー》」

マハンのシーパワー理論は、その名声の高まりとともに、海軍政策だけではなく国家戦略そのものにも影響をあたえた。マハンは一八九七年に執筆した論文「二〇世紀への展望」において、キリスト教世界に課せられた偉大な使命は達成されなければならず、その最も顕著なものには、英国が常に剣をもってインドで果たしてきた使命があげられるとして、武力による西進を主張した。

そこには米国独特の〝明白な運命〟という考え方がある。米国人にとって土地拡大は自然界の膨張と同じ「膨張の天命」であり、一九世紀中頃に太平洋岸まで発展することが米国の天命であるという考え方である。この思想は、さらに太平洋やカリブ海へ進出するときにも用いられた。

このように、マハンのシーパワー理論と〝明白な運命〟を結びつけることによって、米国は膨張政策と大海軍主義の正当性を打ち立てていったのである。

九九年のジョン・ヘイ国務長官による門戸開放宣言以降、マハンは中国市場を脅かす存在として、日本を視野に入れはじめた。そして日露戦争において日本海軍が日本海海戦で勝利すると、日本を強く警戒するようになった。ルーズベルトは一九〇一年に大統領に就任すると、マハンのシーパワー理論にもとづいて強力な戦艦群の建設に乗り出すとともに、パナマ運河の建設や対日戦争計画「オレンジ・プラン」の研究に取りかかった。

パナマ運河建設は、戦時に両洋の艦隊を集中するというマハンの戦略にとって、そのための通路として不可欠の要素だった。また、日露戦争が終わった翌年、マハンも籍をおく海軍諮問委員会が、海軍大学校と協力して着手したのが「オレンジ・プラン」であった。このように、マハンの政策提言は米国の軍事・外交に濃厚に反映されていったのである。

シーパワーと合体した米国の〝明白な運命〟は、二〇世紀にはいると、異質な文化を米国的価値観に同質化させずにおかない「教化の思想」とともに太平洋へ指向される。これが二一世紀には、さらに中東や中央アジアへと向けられる。イラク戦争も、こうした歴史的流れのなかに位置づけられるのではなかろうか。

マハンのシーパワー理論は米西戦争や太平洋戦争によってその正しさが実証され、たんなる海軍戦略の域を超えて米国の大戦略の基盤として定着した。シーパワー理論にもとづいた国家目標を米国が実現できた背景として、両洋にまたがる地理的位置と地勢的形態、豊富な資源といった地理的条件のほかに、大艦隊を建設する技術・工業生産力と、それを使いこなすシステム化された運用能力を米国が保持していたことは見逃せない。

スパイクマンのリムランド理論

マハンのあと、第二次世界大戦のころに活躍したのが、エール大学国際関係研究所の教授であったニコラス・J・スパイクマン(一八九三〜一九四三)だった。

スパイクマンの中心命題は、西半球の防衛という考え方が、現実に通用するかどうかという点にあった。彼がその主著『世界政治におけるアメリカの戦略』を刊行したのは、第二次世界大戦中の一九四二年のことである。当時、ユーラシア大陸の支配をめざしたのが日独伊の枢軸国であり、日本が太平洋正面から、ドイツが大西洋正面から侵攻してきた場合、西半球を防衛するために米国はいかなる手を打てるかを考える必要があったのだ。

まず前提として、西半球全体として自給自足が可能であるかどうかという問題があった。これは、北米・中米・南米にまたがっての米州諸国が政治的・軍事的にどれくらい密接に協力できるかということにも関連してくるため、モンロー主義の根幹が問われる問題であった。

結論からいえばスパイクマンは、つぎの二点から、西半球の防衛という考え方は成立せず、戦争の決着はヨーロッパ大陸で着けるしかないと述べた。

理由の第一点は、北米と南米の間の距離はアジアとヨーロッパとの距離よりも遠いこと、中米・南米の国民は精神文化の面において北米よりもヨーロッパ大陸の国々との連携を強く求めてきたこと。そして第二点としては、石油、スズ、ゴムなどの重要資源が、西半球だけでは防衛上の需要をまかないきれないことをあげた。

とすれば、太平洋と大西洋のいずれを優先すべきかという戦略上の選択を迫られる。

スパイクマンは、アメリカ大陸太平洋側への日本の航空攻撃は、南米に対しては無視できるくらいに遠隔であるし、北米に対しては航空機の航続距離と、一対一〇以上ある日米の生産能力の較差から成功の見込みはない。また日本の戦闘艦艇は周辺海域における決戦用に設計されていたため、北米太平洋岸やパナマ運河への海軍作戦は難しいと判定した。

大西洋側は、北米に対するヨーロッパ大陸と、南米に対するアフリカ大陸というそれぞれ防衛の主体を異にする二つの正面に分かれ、それらの距離は太平洋の半分以下と近かった。また、北米と南米の中間にはカリブ海があって、ここにドイツの進出をゆるせばアメリカ大陸は分断されるという弱点がある。スパイクマンは、パナマとカリブ海をふくむ地

リムランドの概念図

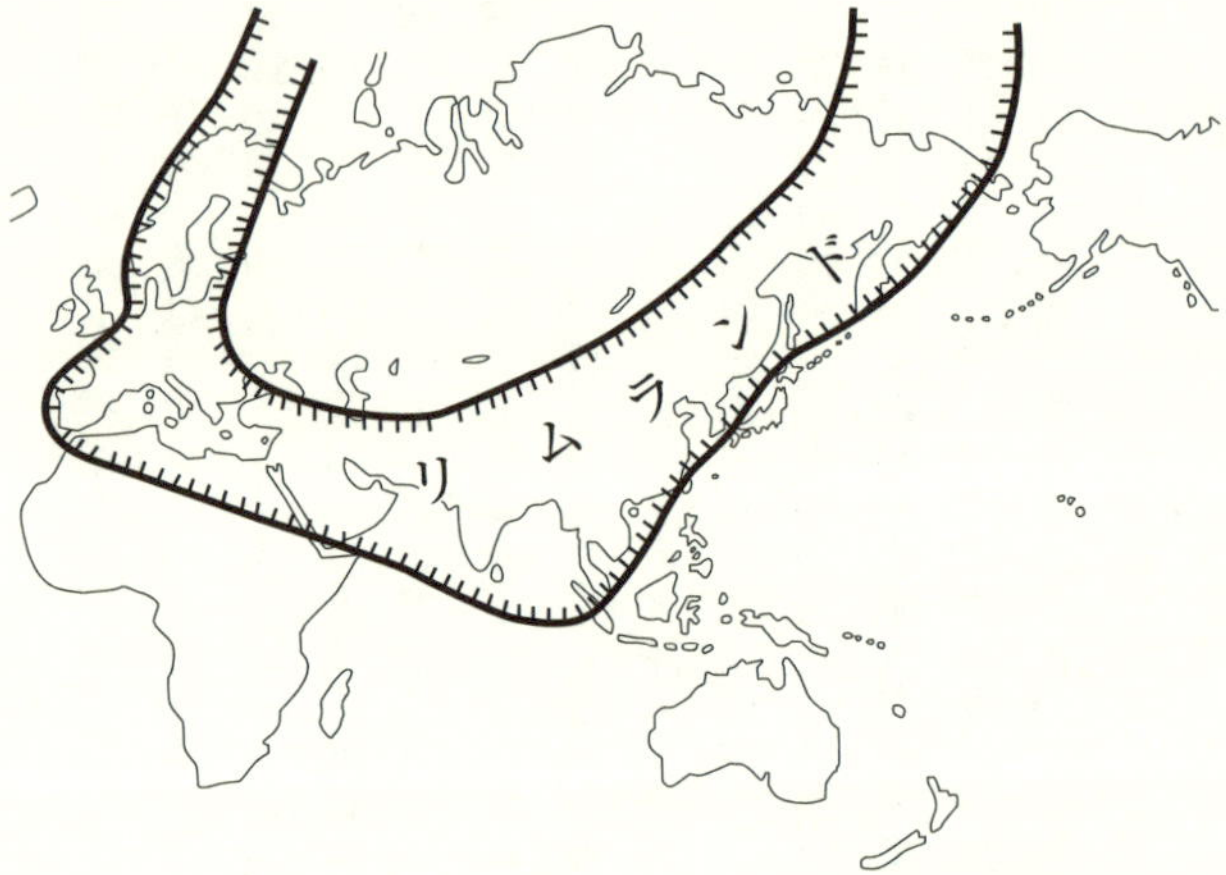

（河野収『地政学入門』より作成）

域を西半球の回転軸とみていた。また、それぞれの大陸間の距離が近いことや大西洋の島《とう》嶼《しょ》の位置関係から、航空兵力を主体とした作戦を実行することが可能であると判定した。

こうした分析から、大西洋正面を優先する大戦略が採用されたのである。

スパイクマンは、マッキンダーのいうユーラシア大陸周辺の〝内国の半月弧〟をリムランド（縁辺の諸国）と呼称し、西半球の防衛が不可能であるならば、リムランドの諸国と共同して、ハートランド勢力の拡大を抑止することを提唱した。リムランドを制するものは世界を制する、とスパイクマンは明言した。資源に恵まれているが不毛なハートランドよりも、リムランドには多くの人口と産業を支える国々が集中しているというのである。

このテーゼは、ハートランドが世界島を制してアメリカ大陸を包囲するなら、その逆手をとって、アメリカ大陸からハートランドを包囲しようという逆転の発想であった。これが第二次世界大戦後、ジョージ・F・ケナン（一九〇四～二〇〇五）のソ連に対する封じ込め政策へ発展していく。

スパイクマンについてもう一つ注目されるのは、太平洋戦争が開始された直後の時期には、逆にリムランドの国が提携して米国に対抗するのを警戒して、米国は英国のみならず日本と手を結んで世界覇権の足固めをすべきだと主張していたことである。そこに、地政学的発想にもとづいた米国の大戦略の凄まじさを感じるのである。

3　大陸国の地政学――ラッツェルとハウスホーファーの理論

ラッツェルの生存圏論とチェレンの経済自足論

海洋国と違って他国と陸地つづきで接している大陸国にとって、国境線、政経中枢の位置、地形、人口、資源、生産、交通路などの地理的条件は、国防上の問題にとどまるだけでなく、その生存活動にとって最大の関心事である。とくに周囲を強国に囲まれたドイツでは、しばしば外国軍に国土を蹂躙《じゅうりん》されてきたことから、民族の生存と地理をむすびつける研究が発達してきた。

ドイツの地政学がユニークなのは、陸軍の頭脳ともいうべき参謀本部で地理と兵站《へいたん》の研究が組織的におこなわれたうえ、一八九一年に参謀総長に就任したシュリーヘンが地理学を科学的学問として参謀本部に導入したことである。国家戦略や戦略の知識として活用するためのものであったことはいうまでもない。

ドイツ地政学の骨格をつくりあげたのは、ビスマルク時代からミュンヘンで地理学の講義をしていたフリードリッヒ・ラッツェル（一八四四〜一九〇四）であった。ラッツェルは主著『政治地理学』において、次のようなドイツ民族の生存圏の理論を展開した。

国家は生き物であり、その生命力に応じて、これを維持するための生存圏を確保しようとして膨張する。その膨張力がこれを阻止しようとする境界線、国境に出会うと、それを打破しようとして戦争が起こる。国家は成長のために、つぎつぎと大きな領土を必要とし、優秀な国家は必然的に生存圏をより多く求める。そして地球上には、大国を一つだけしか容《い》れる余積がない。

これは当時、植民地拡大政策を強行していたビスマルク時代のドイツの国策決定を正当化した、領土拡張の理論であった。

ラッツェルの理論をひきついで体系化したのが、スウェーデンの政治・地理学者ルドルフ・チェレン（一八六四〜一九二二）であった。チェレンは国家の興亡や国際関係変転の法則を、人類にとって不変の条件に近い地理との関係で解明しようとし、次のような理論を展開した。

国家は生きた組織体であり、生存のためには法よりも力が重要であり、みずからの生存発展に必要な物資を支配下に入れる権利がある。海洋に分散している英帝国の力は、やがてよりまとまった大陸帝国に移り、その大陸帝国が海洋をも制する。ヨーロッパ、アジア、アフリカに数個の超大国が興隆するであろうが、結局はドイツがヨーロッパ・アフリカ・西アジアにまたがる超大国になるであろう。

普墺・普仏戦争に大勝して大国となる自信をもったドイツの指導者が、ラッツェルとチェレンの理論を合体して利用したのも自然の流れであった。ドイツは一八八四年ころから第一次世界大戦の起こる一九一四年までに、南西・東アフリカ、中部太平洋に植民地を獲得し、中国では山東半島を根拠地として華北に勢力を伸ばした。また、バルカン半島から地中海、中東、さらにインド洋へ発展の進路をもとめて3B政策を推進し、ベルリン―ビザンチン（イスタンブール）―バグダッドをむすぶ鉄道を建設しようとした。この3B政策は、英国が海洋帝国を維持するためにもっとも重要としていた3C政策、カイロ―カルカッタ―ケープタウンをむすぶ三角地帯を直撃するもので、第一次世界大戦が勃発する大きな要因の一つになったのである。

ハウスホーファーのパン・リージョン理論

第一次大戦に敗れたドイツはベルサイユ条約体制の軛《くびき》から脱して、再び発展を企図する。このときヒトラーの第三帝国の指導者に利用されたのが、カール・E・N・ハウスホーファー（一八六九～一九四六）の理論であった。ハウスホーファーは、第一次世界大戦に旅団長として従軍した陸軍少将であり、大戦後除隊してミュンヘン大学の教授となって地政学の研究にあたった人物である。

こうした経歴からも、ハウスホーファーの研究がドイツ軍人として大戦での敗北と崩壊の原因を研究し、将来ドイツが発展する大戦略を探求するものであったことがうかがえる。その理論は、ラッツェルとチェレンの思想をうけて、次のように主張した。

国家が発展的に生存していくためには、ある大きさの領域をもった生存圏を確保したうえで、自給自足のために必要な重要資源と産業とを経済的に支配することが必要である。このため彼は独自に、次のような「パン・リージョン（統合地域）」の概念を導き出す。

世界はやがて米国が支配する汎アメリカ、日本が支配する汎アジア、ドイツが支配する汎ユーラフリカ、ソ連が支配する汎ロシアの四つの経済ブロックに分けられるようになる。各ブロックで最強の国家が指導すれば、勢力均衡によって平和な世界になる。そして世界は一つの地域に統合され、ユーラフリカを支配するドイツがその盟主となる。

もう一つの理論はマッキンダーの「東欧を制するものは世界を制する」を借用した、ソ連とのランドパワー同盟による世界支配の理論である。

ドイツが世界を支配するためには東欧を支配する必要があるが、ソ連がハートランドを占めて東欧に迫っているため、ソ連と手を組んで東欧を制し、そして世界を支配する。たしかに独ソの同盟が実現すれば、ドイツの工業力や技術力とソ連の資源や労働力が結びついて強大なランドパワーが出現する。シーパワーの米英にとっては、まさに恐怖のシナリオである。

ハウスホーファーはさらに欲張って、マッキンダーのランドパワー論とマハンのシーパワー論を組み込み、こう主張する。

ドイツはランドパワーに重点を置いているが、ソ連とは違ってみずからシーパワーをも持つことができる地理的条件にあるため、この両パワーを併有して世界的大国になる。

これは、マハンがいう、いかなる国家も大陸国家であると同時に大海洋国家になること

パン・リージョン概念図

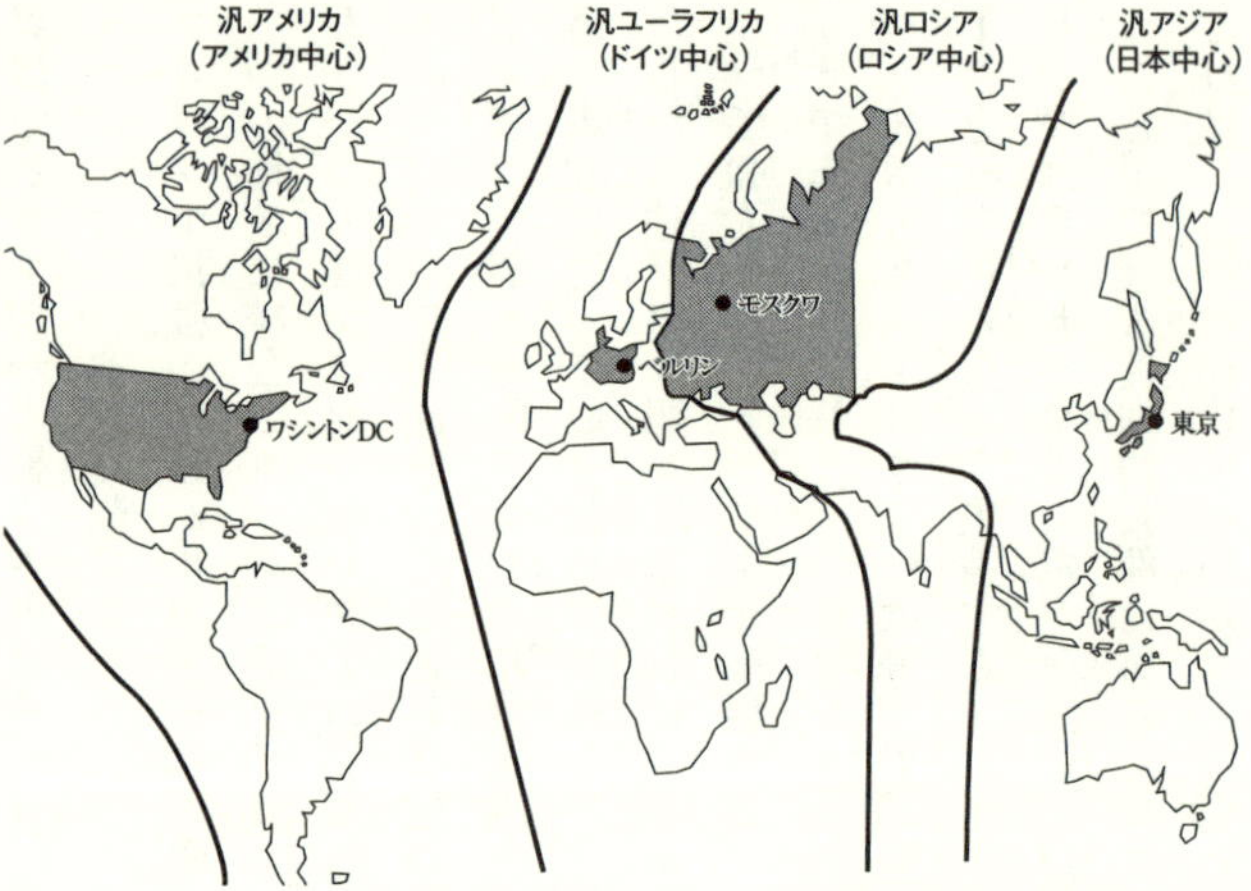

（奥山真司『地政学』より）

はできないという命題に反する。そしてマハンの理論が正しかったことは、第二次世界大戦で米英を中心としたシーパワーがドイツを打倒したことが示している。だが、一時は日独伊三国同盟にソ連をくわえた四国同盟が検討されたように、もし独ソのランドパワーが同盟してハートランドを固めた場合、第二次世界大戦の帰趨《きすう》はどうなっていたであろうか。米英が、ドイツのハートランド制覇を阻止するため、将来の脅威となることもかえりみずソ連を支援して味方につけた心理の切迫ぶりがうかがえる。

ハウスホーファーとヒトラー

ハウスホーファーをヒトラーに引き合わせたのは、ナチスの副総統になるルドルフ・ヘスであった。ヘスは第一次世界大戦で、ハウスホーファーの副官をつとめたことがあった。ヒトラーとヘスがランツベルクの監獄に政治犯として収容されていたとき、たまたまヘスに面会にいったハウスホーファーが、そこでヒトラーに出会ったのである。

ヒトラーはハウスホーファーと面会を重ねるうちに、だんだんと地政学の魅力にとりつかれたようである。この監獄に収容されていた間に、ハウスホーファーから聞いたアイデアをもとに書き上げたのが『わが闘争』であった。そこで提唱されている「ドイツ民族の生存圏」の中心的思想には、明らかにハウスホーファーの影響が見られる。

だが、彼がナチスの政策アドバイザーであったかというと、実は判然としない。とくに第二次世界大戦が開戦してからは、ナチスの政策がハウスホーファーと直接関係していたことを立証できないのである。たしかに、ハウスホーファーの地政学には膨張主義的色彩がつよいが、彼が主宰したミュンヘンの地政学研究所はナチスの組織とは異質なものであった。彼自身もナチスに入党していないし、息子のゲオルグはヒトラー暗殺計画に加わった罪で処刑されている。また、彼の夫人はナチスが迫害したユダヤ人であった。

当初はベルサイユ条約への不満から共感しあっていた両者は、時間とともに離れていったのだろう。その理由としては、ハウスホーファーの理論がナチスに政治的に利用されすぎたことへの不満もあったろうし、下士官あがりのヒトラーにハウスホーファーがどれほどの信頼をおいていたかも疑問である。なによりも、ヒトラーが対ソ戦をはじめたことはハウスホーファーの理論を真に理解していなかったことを如実に示すもので、両者の考え方はこの時点でかけ離れていたことがわかる。

だが、ハウスホーファーがナチスに及ぼした影響は大きなものがあった。ドイツ地政学の学会を設立して多くの学者を世に出し、ヒトラーの『わが闘争』に多くのヒントを与えたように、ナチスや陸軍の指導者たちは彼に感化されていった。侵略による領土拡張というナチスの政策の理論的な部分を構築したのは、まぎれもなくハウスホーファーだった。

日本地政学の失敗

第二次世界大戦がはじまる前後、日本人の間では、地政学といえばおおむねハウスホーファーの名前と結びつけて語られていた。そして、それは一部の日本人にとって、中国大陸や南方への進出を誘う麻薬的な響きをともなっていた。

ハウスホーファーの業績にドイツ国境論とともに、汎アジアの代表としての日本論があったように、彼は日本に大いに興味をいだいていた。駐日ドイツ陸軍武官として一九〇八年から一〇年にかけて滞在した間に、日本の植民や対外発展の政策がドイツよりもたくましい点に着目し、とくに小村寿太郎の外交に敬意をもったようである。具体的には、長期にわたり慎重に練られた計画を逐次に実行に移した韓国併合や、日米紳士協定により移民を抑制して日米間の対立を緩和したこと、そしてその移民を東アジア方面に集中して勢力を維持したことなどがある。移民という武器と地政学的方法を駆使して、同盟と協調によって外交的圧力をかわしながら次々と目的を達成し、さらにこうした外交政策を国民が世論として支持するよう巧みに誘導していく指導者の能力を羨望したのである。

このように、ハウスホーファーの地政学には、ラッツェル、チェレン、マッキンダーの理論のほかに、実は日本の大陸政策の具体的な展開が大きく影響していたのだ。

しかし、逆に日本のほうこそハウスホーファーの影響をうけたのだといわれても否定できない面もある。彼が提唱した「パン・リージョン」論の汎アジア地域から、東シベリアを除くと、日本が唱えた大東亜共栄圏とほぼ一致するからだ。大東亜共栄圏は、地域内の資源と産業を相互に融通して域内の全民族の共存共栄を理想とした点で「パン・リージョン」の思想と異なってはいるものの、現実に日本が武力でそれらの地域を占領し、盟主と称したことは事実である。

いずれにしても、第二次世界大戦で現状打破、新秩序建設の理論的根拠として大陸国家の地政学を利用したドイツと日本が敗れたため、その理論そのものも非難され、以後、大陸国家の地政学は影を潜めてしまった。

考えてみれば、第一次世界大戦が終わったあとの日本は、商船隊も海軍も英米につぐ世界第三位のシーパワーを保有していた。だが、その能力を対外政策にどう役立てていくかといった地政学の国家的機関による組織的研究はおこなわれていなかった。日本の地政学は、明治から大正にかけて帝国大学理科大学教授の山崎直方らが西欧地政学を導入して、政治地理学の基礎を築いたところから始まった。昭和一〇年代になるとドイツ地政学の影響をうけた京都帝国大学教授の小牧実繁らが日本地政学協会を設立し、「大東亜共栄圏」の理念にもとづく日本独自の地政学を提唱した。しかし、その研究はあくまでアカデミズムの領域にとどまっていた。海上交通と貿易に依存する海洋国でありながら、生存条件の異なる大陸国ドイツの地政学を未消化のまま適用したことに、大戦略上の大きな間違いがあった。日本の人文社会科学研究の底の浅さが露呈したのである。

そしていま、戦前の行動はすべて悪であったと深く反省している日本人は、地政学そのものを大学の科目から削除してしまった。だが現在も、世界は地政学的思考に立脚して動いている。こうした日本人の態度は、着実な研究のないまま大陸国の地政学に飛びついて失敗したかつての愚かしさと、本質的にはなにも変わっていないのではないだろうか。

第二講　二一世紀への地政学

北極中心の要図

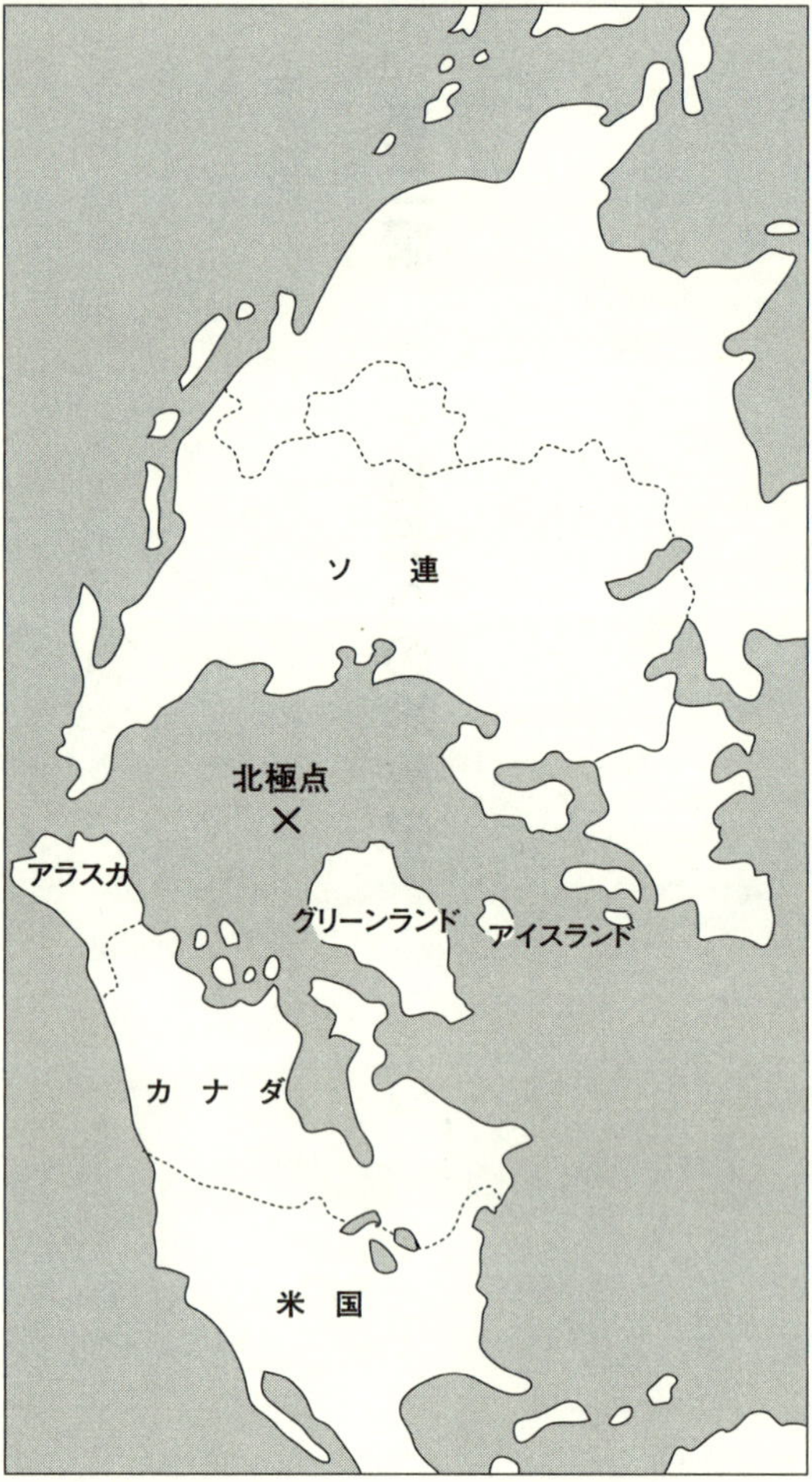
ソ　連
北極点
アラスカ
グリーンランド
アイスランド
カ　ナ　ダ
米　国

1　冷戦下の地政学

二つのパワーの究極の対立

第二次世界大戦後の世界は、敗北した日独伊はもとより勝者の英仏も国力を減じて、米国が世界最高の軍事力やテクノロジーと、世界全体の五〇%におよぶ経済規模を手中に収めてしまった。そして、この米国に唯一対抗できる力をもっていたのがソ連であった。

ソ連は大戦後、東欧をはじめとする周辺部を共産化して米国と対立した。ハートランドに君臨するランドパワーのソ連と、北米大陸を根拠地とするシーパワーの米国が対立する構図は、マッキンダーのいうシーパワーとランドパワーの対立の究極図といえた。

ところが、大陸と海洋、いずれの縦深性も消してしまった長射程の大陸間弾道弾と、壊滅的な破壊力をもつ核兵器の出現が状況を変えた。世界島の奥の院に位置するランドパワーの根拠地ハートランドも、大西洋と太平洋に囲まれたシーパワーの根拠地である北米大陸も、脅威からの離隔性と安全性が大きく低下したのである。

そこで米ソ両国は、全面核戦争の勃発を抑止すべく全面対決を避けるかわりに、自己の勢力を強めようと競争したため、通常兵器による局地戦や紛争が頻発した。いわゆる冷戦という戦争の時代に入ったのである。

通常兵器による戦争においては、依然として大陸と海洋の縦深性は価値をもっているため、世界はマッキンダーやマハンの理論の支配から逃れられなかった。

奥山真司氏の『地政学　アメリカの世界戦略地図』によれば、ハウスホーファーはソ連のスターリンの個人的なアドバイザーとなり、一九二〇年代の初期から自分の地政学分析の結果を定期的に送っていたという。したがってスターリンは、マッキンダーのハートランド論やランドパワー論、ハウスホーファーの理論を熟知し、ソ連の国家戦略や大戦略に採り入れていった。東欧・中欧や中央アジアをつぎつぎとその傘下におさめたのも、マッキンダーのいうランドパワーの究極形としてのソ連を出現させるためであった。

エアーパワーの出現

ところで、当然ながらマッキンダーの理論にはまだ「エアーパワー」の要素は含まれていない。このエアーパワー時代の到来を予期し、米国とソ連の中間地点である北極海上空こそが「決定的な空域」、すなわち空のハートランドであると提唱したのが、ロシアの海軍武官で一九二七年に米国市民権をえたアレクサンダー・ド・セヴァルスキーであった。

さらに英国人で英米両国の研究所に籍をおいたコリン・グレイは、エアーパワーを宇宙空間に発展させて、「スペースパワー」に比重をおく重要性を主張した。またグレイは、あらゆる地域においてソ連の進出を封じ込めるべきであると発言し、レーガン大統領の対ソ政策や、宇宙にミサイル防衛システムを展開する「スターウォーズ計画」に間接的に影響を与えた。彼が冷戦終結後もなお、ソ連に代わって新生ロシアがハートランドから世界覇権をねらって発展してくると予想していたことは注目される。

もう一人、エアーパワーに着眼したのが、米国の地理学者ハンス・ワイガーであった。ワイガーは、大戦後の地政学的条件の変化として、北極地方の重要性が増加したこと、北米大陸の離隔性が喪失したこと、ハートランドの潜在力が増加したことをあげた。

ユーラシア大陸とアメリカ大陸とをむすぶ空海航路として、グリーンランドまたはアラスカを経由するルートが重要になってきたため、米ソの全面戦争が起きたとすれば、北極圏が主戦場になる。また、北米大陸とハートランドは北極海をへだてて相対しているので、従来いわれていた離隔性は失われた。そして、不毛で人口希薄であったハートランドは、いまや史上最大の軍事力をそなえ、その内部交通も発達してきたというのである。

しかし、この三つの指摘には疑問を感じざるをえない。

まず、第二次世界大戦の勝利にエアーパワーが決定的な役割を果たしたことは否定できないが、その後の冷戦は現実には、北極圏を主戦場とする戦争は起こらないまま、中東、東南アジア、アフリカなどのリムランドで、ゆっくりと現状の変更がすすむという形で戦われた。北極圏が主戦場となるケースとして考えられるのは戦略爆撃機とミサイルが飛び交う核戦争であるが、米ソが正面衝突すれば世界の大半が破壊されるため米ソ両国は自制した。それに戦争だけでなく平時における経済活動もその範疇《はんちゅう》にしている地政学の観点からいえば、人の営みの主体はハートランドとリムランドとそれを取り巻く大小の島嶼であり、現実に米ソが衝突したのはリムランドにおいてであった。したがって核戦争が抑止されるかぎり、北極圏が焦点になることはないのである。

また、エアーパワーの出現によって北米大陸の離隔性、安全性が失われたことはハートランドも同じである。そして、ハートランドにいくら石油や天然ガスの資源が埋蔵され、交通網が発達しても、不毛で極寒の人口が希薄な地である点は変わらない。一方で情勢がゆっくりと変化しているリムランドを経由する交通路に対しては、ハートランドと北米大陸の離隔性に変化はなく、その安全性は依然として有効である。ただし、それは同時に米ソの根拠地から影響力がおよびにくいことをも意味している。これが、リムランドやアフリカにおいて、米ソともに決定的優位を確立できない要因の一つになっているのだ。

ソ連を封じ込めよ

ソ連の膨張的性格とその不変性を警告した有名な「長文電報」をモスクワから打電し、『フォーリン・アフェアーズ』誌の一九四七年七月号に「X論文」、すなわち「ソビエトの行動の源泉」を書いたのが、ジョージ・F・ケナンであった。ケナンはトルーマン政権下で国務省政策企画室の初代室長となった人物で、その思想はそのまま冷戦期の米国の大戦略となった。政策企画室とは、米国を全体的な見地からとらえ、長期的な対外戦略を検討し計画する部署である。

ケナンのソ連に対する基本的な認識は、ソ連の共産主義はロシア史の教訓から、その拡大に向け弱いところにたえず侵出する、それは自然にそなわった法則のようなものであり長期的な傾向であって、そう簡単に変えられるものではないというものであった。したがってケナンは、ソ連と政治的に親交を結ぶことは期待せず、対抗者と考えて、断固とした対抗力をもって確固とした封じ込め政策をおこなうべきだと主張した。

そして、西側諸国を脅かしているのはソ連の軍事力ではなく、共産主義のイデオロギーにもとづいた政治力であり、各国の共産党によってその権力を奪取させて支配しようとしていること、なぜなら第二次世界大戦による損害や被害の大きさからしてソ連はもう一度戦争の危険を冒す意図はなく、西側諸国の政治や精神面の弱さにつけ込もうとしているからであることを指摘し、これが米国の安全保障にとって脅威であるとの認識に立った。ソ連の企図を挫《くじ》くカギとしてケナンは、西側諸国の抵抗力を強化し、米国の経済援助によって強固な資本主義経済を構築することが重要であり、そのためにソ連の膨張傾向に対しては長期にわたって、辛抱強く、確固として注意深い封じ込めをおこなうことが必要であると主張した。

このケナンの地政学的な世界規模の封じ込め戦略は、まさにスパイクマンが提唱した、リムランド諸国との共同によってハートランドのランドパワー、ソ連に対抗するという発想の応用であった。そして長期的視野でみればこの戦略が結果的に、ソ連を崩壊に追い込むことになるのである。

ケナンの考え方は、トルーマン大統領が打ち出した「社会主義化が進む気配のある国に復興援助、経済援助をおこない米国陣営に取りこんでいく」という「トルーマン・ドクトリン」の理論的な柱となった。手始めにギリシャとトルコの両国に四億ドルの援助があたえられ、またマーシャル国務長官によるヨーロッパ復興計画（マーシャル・プラン）が大々的に実行された。このドクトリンによって米国は、みずからが自由世界の盟主であり警察官であることを、世界に向かってはじめて表明したのである。

だが、ヨーロッパや日本の一部地域でソ連を封じ込めておけば十分と考えたケナンの見通しに反し、ソ連は崩壊するどころか核兵器を保有し、中国は共産化され、西欧ではなかなか復興が進まなかった。そこで五〇年初頭、ケナンに代わって国務省政策企画室室長になったのが、〝あらゆる地域でソ連を封じ込めるべき〟と主張するポール・ニッツェ（一九〇七〜）であった。

ニッツェは、ケナンのように政治的、経済的にソ連を封じ込めるだけではソ連は中国と連携してアジアの主要地域を共産化してしまうとして、これを阻止するために軍事力を増強し、軍事的にもソ連を封じ込めるべきであると考えていた。彼は着任するとまもなく、この考えを政策提案書「国家安全保障会議文書第68号」にまとめてトルーマン大統領に提出した。トルーマンはその内容が過激すぎるとして保留したが、その二ヵ月後に朝鮮戦争が勃発したため第68号を採択した。

この提案書は、反共政策の心理的側面も強化することを提言していたため、マッカーシー上院議員による「赤狩り」に影響したように、米国内外の反共ムードを大いに高めたのである。

キッシンジャーの罠

冷戦期の米国の地政学的政策をみるうえで外せないのが、ニクソンとフォードの両政権で国家安全保障担当大統領補佐官、国務長官をつとめたヘンリー・A・キッシンジャー（一九二三〜）である。キッシンジャーの安全保障戦略の基礎にあるのは、冷徹な現実主義にもとづいた勢力均衡の戦略である。彼のハーバード大学博士課程での卒業論文は、オーストリアの外相、そして宰相となったメッテルニッヒの勢力均衡政策であった。

彼はメディアのインタビューに答えるときに、地政学という言葉をしばしば使っているが、大国間の勢力均衡を形作るときの重要な要素という意味でこの言葉を使用しているという旨の発言をしていた。

米国がベトナム戦争で国力を消耗して、その国際的地位を低下させた現実をとらえ、ニクソン政権下でベトナム戦争を終結させたキッシンジャーは、ソ連とのデタント（緊張緩和政策）に乗りだした。行き着くところまできた核の破壊力によって、もはや米ソが戦えばともに滅びてしまうことから、核兵器のにらみ合いのバランスによって均衡状態を作りだすことを考えたのである。

だがキッシンジャーは、デタントの背後では、中ソ間の亀裂を利用して中国をソ連と離間させ、米中両国が接近してソ連を孤立化させる戦略を極秘裏にすすめていた。デタントは中国とソ連の間を分裂させ対立させてソ連を追いこみ、最終的には崩壊させるための第一歩だったのだ。

ところが米中の接近を見た日本は、米国の了解をえないまま一九七二年、中国との国交正常化をおこなってしまった。米国にとってリムランドの東端にある重要な同盟国である日本が、スパイクマンの理論に反して、リムランドの主要国の一つでありしかも共産国の中国と手を結ぶことは許容できなかった。キッシンジャーは、米国・西欧・日本とソ連、中国の五つの地域で勢力均衡をはかることを考えていたのである。

地政学的な思考や、勢力均衡という国際社会の動きを理解できず、国内政治の力学だけで動いたときの総理田中角栄が米国発のロッキード事件で失脚させられたのも、パワー・ポリティクスに弱い日本の政治の弱点を露呈したものだったのである。

ソ連を崩壊させたレーガンの大戦略

一方、ニクソン、フォード、カーターとつづく政権下での対ソ連宥和政策に業を煮やしたニッツェは、「現在の危機に関する委員会」という反共主義者のグループを発足させて、カーター政権の政策を批判し、軍備増強、反ソ連・反共産主義を主張する活発な活動を展開していた。そのメンバーに、レーガン、ラムズフェルドがいた。

一九七九年になると、危機委員会の主張が正しかったことを裏付けるようにイラン革命、ソ連のアフガン侵攻、テヘランの米国大使館人質事件が次々と起こり、米国内に危機感をつのらせた。レーガンがカーターを破り、大統領として登場したのはこうした流れをくむものだった。当然、レーガン政権には危機委員会のメンバーが集まり、国務省政策企画室長にはウォルフォウィッツが就任した。

レーガン政権は冷戦の地政学的な枠組みからはずれたデタント政策を放棄して、ソ連封じ込め政策を復活させた。第二次冷戦の始まりである。

レーガンはまず手始めに、米国の裏庭である中米・南米の親ソビエト政権の打倒に取りかかり、さらに次々と「新ソ連封じ込め政策」を打ち出した。宇宙からソ連のミサイルを撃ち落とす戦略防衛構想、NATO加盟国へのパーシングⅡミサイルの配備などの軍備の強化がそれである。

戦略防衛構想は技術的に実行不可能であったが、発射後五分ほどで東ドイツや中欧諸国に到達するパーシングⅡの配備は効果があった。ソ連も軍事力を増強して対抗したが、そこで共産主義と資本主義のシステムにおける優劣の差があらわれ、ソ連は経済と技術の両面において軍拡競争を続けることができなくなった。

ソ連のゴルバチョフ書記長は、ペレストロイカという改革政策、グラスノスチ（情報公開）という外交政策によって対抗するが、この外交政策は東欧諸国に自立的な政策をすすめることを認めるものだったため、地方権力の自立を促し、やがて中央権力の崩壊へとつながった。ソ連は共産主義の矛盾による自壊をはじめた。ここに遅ればせながら、ケナンのソ連封じ込め大戦略が功を奏したのである。

ソ連の崩壊は、米国が冷戦に勝利を収めたことを意味した。ハートランドのランドパワーが、またしてもシーパワーの米国を中心とするリムランド同盟に敗れたのだ。米国の勝利は、ケナンに始まる政治的・経済的なソ連封じ込め、キッシンジャーによる中ソの切り崩しなどによってソ連を地政学的に孤立化させ、レーガンの軍拡競争の強要によって圧倒的な国力の差を見せつけて、ソ連の共産主義体制の崩壊を誘引した成果であった。

第二次世界大戦のあとに出現した冷戦を地政学的にみれば、大西洋と太平洋を制するシーパワーの米国と、ユーラシア大陸の中核地帯を制するランドパワーのソ連との一騎打ちであった。米国は西側同盟国を糾合して対ソ包囲網を構築し、ハートランドを封鎖する戦略を採ってその糧道を断つことによりついにソ連を打ち倒した。米ソ両国が熱戦を避けたため、軍事力以外の手段である政治の活力、イデオロギーの柔軟性、経済の成長力、文化的な魅力などが、冷戦の帰趨を決める要素となった。この結果、米国の世界覇権が確立され、一極構造の世界が出現したのである。

2　冷戦後の地政学

見えなくなった構図

ジョージ・H・W・ブッシュ（以下、パパ・ブッシュ）大統領は、イラクのクウェート侵攻に断固対処することを表明した一九九〇年九月一一日の演説で、湾岸危機は世界が国際協調の時代に向かってすすむ貴重な機会であると指摘した。そしてその到着点として、世界がテロの脅威から解放され、あくまでも正義を追求し、安全のなかで平和を求め、東と西、南と北が繁栄し、調和のなかで生きていける時代を作り出すという「新世界秩序」を打ち出した。

この新秩序は、米国主導の国際協調による冷戦後の新しい世界の枠組み作りをめざすものであったが、何が新しいのか、世界とはどの世界なのか、誰のための秩序なのかが判然としなかった。ただひとつの超大国という一極構造の世界が出現したことのほか、米国が地政学的にも世界の構図を図式化できないでいることを示すものであった。

冷戦後の世界像をいち早く予見したのが、八九年夏に『ナショナル・インタレスト』誌に掲載されたフランシス・フクヤマの「歴史の終わり?」という論文であった。フクヤマは、ソ連の崩壊によって共産主義は打ち破られ、米国の民主政治制度が勝利したことによって、イデオロギーと統治形態を争う戦いの歴史が終わったと論じた。そして冷戦後の世界は、リベラル民主制と非リベラル民主制という二分化された世界であり、その間には活断層があり、この活断層の間の衝突を避けて民主主義を世界に広めるべきであると説いている。

だが地政学的視点からは、この活断層が具体的にどこにあるのかが漠然としている。たとえば湾岸戦争時に「ならず者国家」と呼称された国々に注目してみる。ならず者国家とは、米国の基準でいうところの国際社会の法や行動にしたがわない国家で、イラン・イラク・北朝鮮・リビア・キューバがそれにあたるとされる。いずれも独裁体制の非民主国であり、近代兵器を装備してそれなりの軍事力を保有する、反米傾向の強い国である。とはいえ、単独では米国の覇権を脅かすほどの力はないし、これらの国が大同団結するとは思われない。

つまり、冷戦期のソ連のように米国の対立軸になるようなパワーをもつ国がないため、地政学的に単純明快な図式を描けなくなったのだ。

「文明の衝突」と地政学

冷戦後の世界像を描いたもう一つの論文は、一九九三年夏の『フォーリン・アフェアーズ』誌に掲載されたサミュエル・ハンチントン（一九二七〜）の論文「文明の衝突?」である。

ハンチントンは、冷戦後の世界は人々が所属する文明・文化によって動かされる時代となり、その価値観の違いから争いが起こり、価値観の同じ国々がたがいに同盟するため、争いはエスカレートし、文明と文明の断層線にそって衝突が起こると主張した。とくに、西欧とイスラム諸国や中国との衝突はきわめて深刻であるという。

そして世界は、米国、ヨーロッパ、中国、日本、ロシア、インド、イスラム圏の主要国などを中心とした七から八の文明で成り立っているとして、四つのパラダイムを示す。

①世界を統合しようとする勢力が現実にあり、まさしくそれが文化を主張して文明を意識する対抗勢力を生みだしている。

②世界は、これまで支配的な文明だった一つの西欧と多数の非西欧に分けられる。

③国民国家は今後も国際問題におけるもっとも重要な主役であるが、その利益や協力関係、対立は、ますます文化・文明という要因によって方向づけられる。

④世界はまったく無秩序な状態で、部族や民族の衝突が多発しているが、世界の安定を

脅かす危険がもっとも高いのは、文明を異にする国家や集団の衝突である。

ハンチントンは、カーター政権のなかでブレジンスキーとともに数少ない反ソ・反共派であったし、中東地域へのソ連の進出に軍備拡張で対抗する政策を立案したように、軍事戦略などのリアリズムの観点から国際関係を考えていた。したがって、どこにでも介入するクリントン政権の政策に業を煮やし、九七年に起稿した「米国国益の侵食」のなかで次のように主張した。

——いまや米国は冷戦のころのような圧倒的な力をもっておらず、軍事力を背景とした力だけで帝国体制を維持しているのだから、軍事介入は国益を重視して選択すべきである。そして、ソ連が消滅してしまったいま、外部に敵を作ることによって政治的に団結するのが困難になってきた——

このハンチントンの主張から暗示されるのは、米国の国益のためには、ソ連に代わる新たな敵を作り出すことによって政治的に団結すべきであるということである。そしてその敵とは、イスラム文明圏から出てきたイスラム原理主義者ということになろう。ここから、文明の断層線が具体的に見えてくる。この考え方が、二〇〇一年「9・11テロ事件」をへてアフガンのタリバンに、アルカイダに、イラクのフセインに向けて具体化されていくのである。

ハンチントンは一九九九年の「孤独な超大国」という論文でも、湾岸戦争以降は米国の一極構造が崩れはじめて、多極構造に移行しているとの認識を示す。したがって、米国が世界各地に軍事介入して、むりやりに民主的な傀儡《かいらい》政権を作ることは国力の浪費であると反対し、勢力均衡戦略によって分断して統治することを主張している。

ハンチントンの思想はリベラル・革新的な反面、根底には国際社会という無法地帯では保守的でなければ対外戦略を練れないという考えがある。つまり、国家がまずおこなうべきことは、国の安全を確保するハイ・ポリティクスであり、国の安全と秩序が守られていなければ、経済活動も民主主義もあったものではないという考え方なのだ。

ブレジンスキーの地政戦略

二一世紀の地政戦略をみるうえで外せないのは、カーター政権の国家安全保障担当大統領補佐官であったブレジンスキー（一九二八〜）が、一九九七年に書いた『地政学で世界を読む』である。ここに流れるブレジンスキーの思想は、マッキンダーのハートランド理論とスパイクマンのリムランド理論が土台になっている。

ブレジンスキーは、ソ連の崩壊によって米国は史上初めてほんとうの意味で世界を勢力圏とする唯一の覇権国となったが、その世界覇権はユーラシア大陸での優位をどこまで長

ユーラシアのチェス盤図

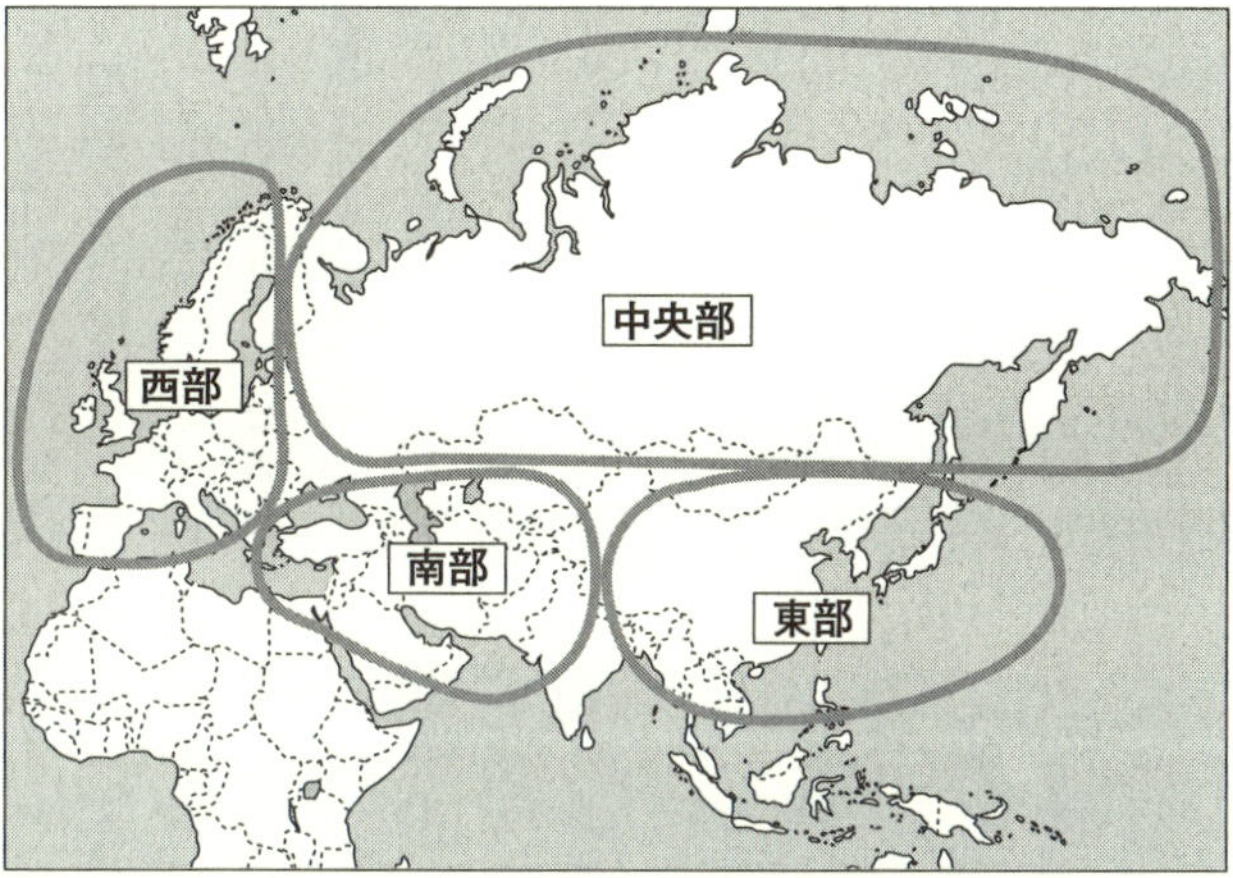

(ブレジンスキー『地政学で世界を読む』より)

期にわたってうまく維持できるかに直接左右されるという。そして、この戦いでは地政戦略、つまり地政上の権益の戦略的管理が重要になると指摘している。

その戦略的管理とは、ユーラシア西部の勢力圏の拡大を促して中央部をしだいに引き寄せる、南部を単独で支配する国の登場を許さない、東部が連合してアメリカ軍を近隣の基地から追放することがないようにする、というものである。そのために、中央部が西部の勢力圏拡大を拒絶して独立独歩の統一した勢力になり、南部を支配するようになったり、東部の主要国と同盟関係を結んだりすることを阻止する。また、東部の二つの主要国の連合も阻止する。

このようにブレジンスキーは、もはや地

政学の対象は地域から世界に拡大し、ユーラシアのどの部分を占めれば大陸を支配するうえで有利かではなく、ユーラシア大陸全体で優勢を確保することが世界覇権の基盤の中心になったこと、そして米国は短期的には唯一の世界覇権国としての立場を維持すべきこと、しかし長期的には世界覇権を国際協力体制の枠組みに徐々に変えていくよう留意すべきことを主張しているのである。

彼はユーラシアの新しい政治地図における地政戦略上の主要国はフランス、ドイツ、ロシア、中国、インドの五ヵ国であるとし、仏独が米国の希望するようなヨーロッパを実現するか否かがジレンマであり、米国の覇権に挑戦する勢力が出現する可能性について次のように見ている。

ロシアにはユーラシアで特別の地位を確保したいという根深い欲求があり、旧ソ連の解体に伴って独立した諸国を支配下におくことを望んでいるのではないか。

ユーラシアの中央部には新たな「バルカン」が出現する可能性があり、イスラム原理主義運動が米国の覇権に挑戦して、中東の親欧米政権をゆさぶり、とくにペルシャ湾における米国の権益を危険にさらす可能性がある。

東アジアでは、中国が民主主義の道を歩まないまま経済力と軍事力を増大して「大中華圏」を登場させれば、それを防ごうとして米国と日本と中国との関係がきわめて危険なも

ユーラシア・バルカン要図

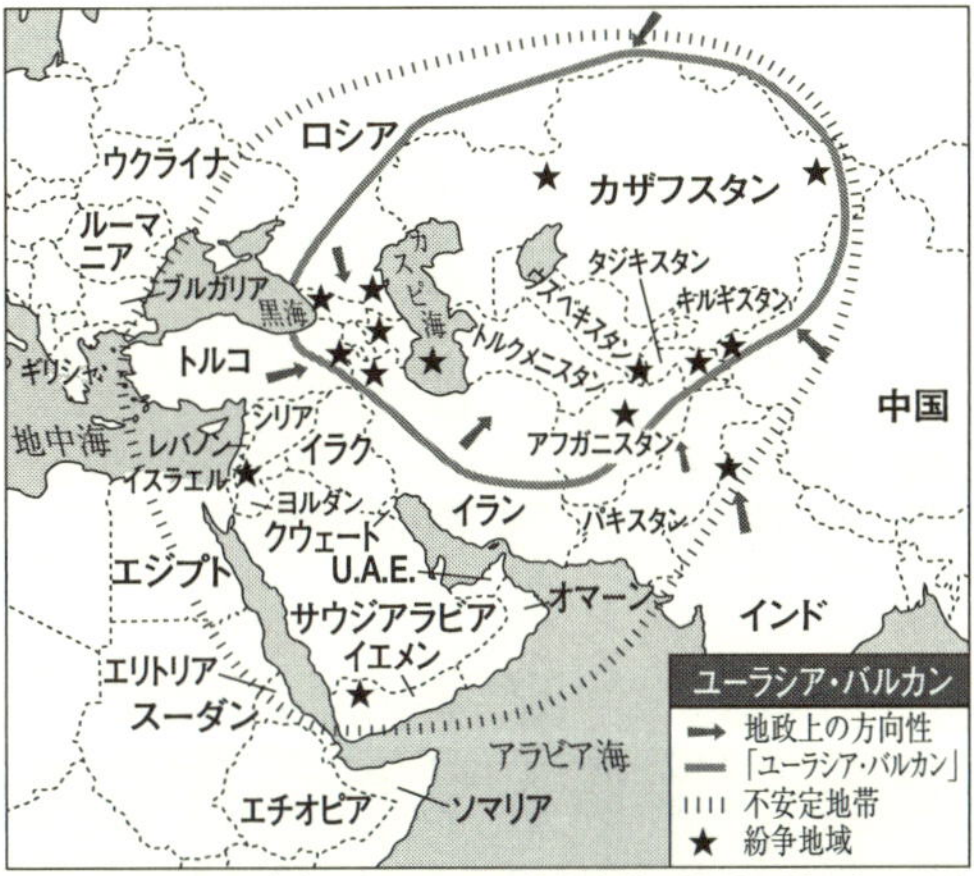

（ブレジンスキー『地政学で世界を読む』より）

のとなり、対立が激化する可能性がある。

　ユーラシアに登場しうる新しい同盟関係のうち、米国の国益にとってもっとも危険なものは、中国とロシア、そしておそらくはイランが加わった反覇権同盟である。この場合、中国が指導的な役割を果たし、ロシアが追随することになろう。そして、地理的にはもっと限られているが、もっと大きな影響を与えうるものに、中国と日本の同盟がありうる。東アジアから米国が撤退を余儀なくされ、国際政治に関する日本の見方が劇的に変化すれば、日中同盟が実現しかねない――。

　そして、次のように結論している。

　歴史上例のない米国の圧倒的な力も、時間がたつにつれて衰えていくしかないから、地域大国が力をつけていく過程をうまく管理し、米国の世界覇権が脅かされないようにすることを優先させなければならない。

ユーラシアの西端では、フランスとドイツを中心に民主主義の橋頭堡を強化し拡大していく。ユーラシアの東端では、地域大国としての中国を国際協力の幅広い枠組みのなかに取りこんで、ロシア・イランとの三国同盟に追いやらないように対中国政策を進めていく。だがヨーロッパとは違って、ユーラシア大陸の東端には民主主義の橋頭堡はすぐには築けないであろうから、日本を太平洋地域で最重要の同盟国として政治的な関係を強化し、それを基礎に世界覇権国としての米国、地域大国としての中国、国際社会で指導力を発揮する日本の複雑な三国協調関係を組み立てる。

ユーラシア中央部では、ロシアに世界大国の地位復活への野望をもたせることなく、自国の近代化とヨーロッパとの協調への途に向かわせる。しかし、ロシアが「帝国」崩壊後の自国の性格に関する内部対立を解決できるまで、拡大するヨーロッパと中国との間の地域は、政治的なブラック・ホールの状態が続くだろう。ユーラシア・バルカンは、民族紛争と大国の覇権構想が沸騰する場になる可能性がある。したがって、ユーラシアの南部では、民主主義のインドと同盟して地域の安定をもたらすようにする——。

以上がブレジンスキーの描くユーラシアのチェス盤である。だがはたして、米国のイラク戦争開戦に猛反対した仏独、中華帝国の建設をめざす中国が米国の世界覇権のもとでの地域大国に甘んじるのか、新生ロシアは世界帝国への夢を本当に放棄するのか。チェスゲームを米国の思惑どおり進めるには、問題はあまりにも多いのである。

3 「9・11テロ事件」以後

待たれる新たな理論

ブレジンスキーは、ユーラシアは規模が大きく、多様性があり、力をもった国がいくつもあるため、米国が行使できる影響力の深み、支配の範囲にも限界があるという。しかも核兵器の登場によって、戦争は政治手段としては、威嚇の手段としてすらも有用性が大幅に低下している。さらには各国間の経済的な相互依存が深化しているので、経済を武器に政治目標を追求することも難しくなってきた。

そこでブレジンスキーは、米国は世界の覇権を行使するにあたって、政治地理が現在でも、国際政治に決定的な意味をもっている事実に敏感でなければならないと指摘する。

いま各国の支配者層は、領土以外の要因のほうが自国の国際的地位や影響力を決めるうえで重要であることに気づきはじめている。たしかに経済力と、それに起因する技術革新は国力を決める大きな要因になりうる。しかしそれでも、地理的な条件が外交政策で当面の優先順位を左右する要因になることに変わりはないと、ブレジンスキーはいうのだ。

また、キッシンジャーも「米外交の地殻変動」という論文のなかで、次のような主旨の見解を述べて地政学的思考を展開している。

国民国家を基礎とする米国と、統合された欧州は、疎遠になりつつある。時を同じくして国際政治の重心はアジアに移ろうとしている。ロシアや中国、日本、インドなどの諸国は、依然として米国同様に国民国家を基盤とし国益を中心に考える国家観を抱いている。こうした国家観をもつ諸国にとって地政学は禁句ではなく、国内的な分析と対外的な行動の基盤である、と。

このように現在でも米国では、国家安全保障戦略の基礎に地政学が脈々と流れているのである。しかし地政学の基本的な理論としては、マッキンダーのハートランド論とランドパワー論、スパイクマンのリムランド論、マハンのシーパワー論、ハウスホーファーのパン・リージョン論を超える新たな理論は冷戦以降もあらわれていない。これらの基礎理論を、国際情勢の変化にあわせて応用しているにすぎないのだ。

こうした意味から、待たれるのは地政学の新たな理論の登場である。冷戦後の世界は、冷戦期のように米国とソ連が対立するといった明確な対立軸が見えなくなっている。そして、湾岸戦争やイラク戦争が家庭のテレビで見られることに象徴されるように、世界の情報化のスピードはめざましいものがある。戦争をテレビで同時中継的に見られるようになると人々の距離感覚は麻痺し、米国が軍事行動を起こす際にも、地理的な障害の有無はお構いなしに、どれだけそこへ速く到達できるかが重要視されてくる。したがって湾岸戦争以降、米軍は空軍を中心にした編成にして軍全体を軽量化している。

だが、ここで注意しなければならないことは、航空機はあくまでランドパワーの移動手段として比重が高まっているのであって、ランドパワーのもつ本質的役割と能力は変わっていないことである。それは、イラク戦争における正規軍同士の戦いと、その後のテロとの戦いを見れば明らかだ。シーパワーにおいても同様である。その打撃力の主体こそ艦載機と巡航ミサイルに変わったものの、依然としてプラットホームは艦船であり、シーパワーのもつ本質的役割と能力は不変なのである。

9・11テロ事件は、地理の構成要素である国境という枠組みに関係のない国際テロ組織という非国家対象が、唯一の世界覇権国である米国に挑戦したという点において、世界に大きな衝撃をあたえた。だが、国家と国家のぶつかり合いでできている国際関係の枠組みそのものを変化させるまでには至っていない。米国の実際の大戦略は、伝統的な地政学の原理にしたがって動いているのだ。

このように変わらないものと変わったものがあるなかで、地政学の「地理」という不動の要素と、国際情勢のなかでたえず変動するパワーという要素を組み合わせて図式化することができるのか。あるいは、いままで不動と思われていた「地理」という要素が、ダイナミックに変化するものとして捉えなおされるのか。研究の成果を期待したい。

日本に求められる海洋の地政学

海洋の地政学の現状についても付言しておきたい。現在、日本はその環海で島嶼の帰属と海洋権益をめぐって、中国、ロシア、韓国との間に火種を抱えている。とくに中国とは、尖閣諸島の帰属、沖ノ鳥島の認知、東シナ海の日中中間線の境界付近での天然ガス開発をめぐって対立しており、領土と海洋資源という国益を守るためには地政学的対応が必要となっている。

中国はいま、黄海、南シナ海、東シナ海を「海洋国土」とする海洋強国建設を国家目標とし、海洋開発戦略と国防戦略を設定し、南西諸島—台湾—フィリピン諸島をむすぶ第一列島線を越えて、小笠原諸島—マリアナ諸島—グアム島をむすぶ第二列島線への進出をめざしている。この海洋進出は、資源調査・開発の域を超えた軍事上の必要性、とくに海洋正面の縦深性を確保することをねらったものだ。その目的は、イラク戦争でも威力を示した米国のトマホーク巡航ミサイルの打撃力から沿海地域を守ること、そして台湾周辺の制海・制空権を強化することである。はたして中国が「ランドパワー大国とシーパワー大国を両立できない」というマハンのテーゼを書き換えることができるのか、興味深い。

しかし、中国が防衛的であるというのは、あくまでも米国に対してである。日本は第一列島線のなかに位置しているから、日本にとって中国の進出は攻勢的であって、脅威そのものなのだ。国土は狭いが排他的経済水域の広い日本は、海洋の地政学にもとづいて国際法、外交、資源調査と開発、そして海軍力を総合した海洋戦略を早急に確立しなければならない。その地政学的焦点は、南西諸島と沖ノ鳥島と硫黄島をむすぶ南方海域にある。この海域は、第一列島線と第二列島線の中間に横たわっているからである。

国連海洋法条約では、大陸の海岸から沖合いの大陸棚をその国の排他的経済水域とする大陸棚論と、二国間の海岸線から等距離の地点を結んだ中間線を境界線とする中間線論のいずれに正当性があるかが解決されていない。もし大陸棚論をとれば、東シナ海の大半は中国の排他的経済水域になってしまう。この大陸棚論は、一九四五年九月に米国トルーマン大統領が出した「大陸棚領有宣言」にもとづく海洋分割にはじまっている。トルーマンは、大陸棚資源の管理が国家の安全保障にとって不可欠であることから、海軍と沿岸警備隊とが必要であると述べた。海が通商の交通の手段だけではなく、領土の延長としての性格をおびる新しい時代に入ったのだ。

日本は、まず領土である島嶼を防衛する体制を確立するとともに、海洋地政学の研究を早急に推進して海洋戦略を確立し、海洋国としての総合した政策を実施すべきであろう。その前提には、日米同盟の強化があることはいうまでもない。また現実に、中国によって日本の排他的経済水域内の国益が侵されつつある情勢にあっては、国連海洋法条約にもとづいて権益保護と保全の措置を早急にとることが重要であろう。目先の安寧を求めて消極退嬰の施策をつづけていては、国家百年の悔いを残すだけである。

以上が近現代の世界の動きを地政学の視座からみたものである。次講からは第二の視点として、地政学的視座を根底におきつつ、時代を画したそれぞれの戦争の中心的思想とはどのようなものだったか、それらの思想は時代の推移とともにどう変化したかをみていく。さらに第三の視点として、「政治」と「戦争」の関係、および戦争における「政治」と「軍事」の関係をも俯瞰していくことにする。

第三講　ナポレオン戦争とクラウゼヴィッツ

ナポレオン戦争時の欧州関係図

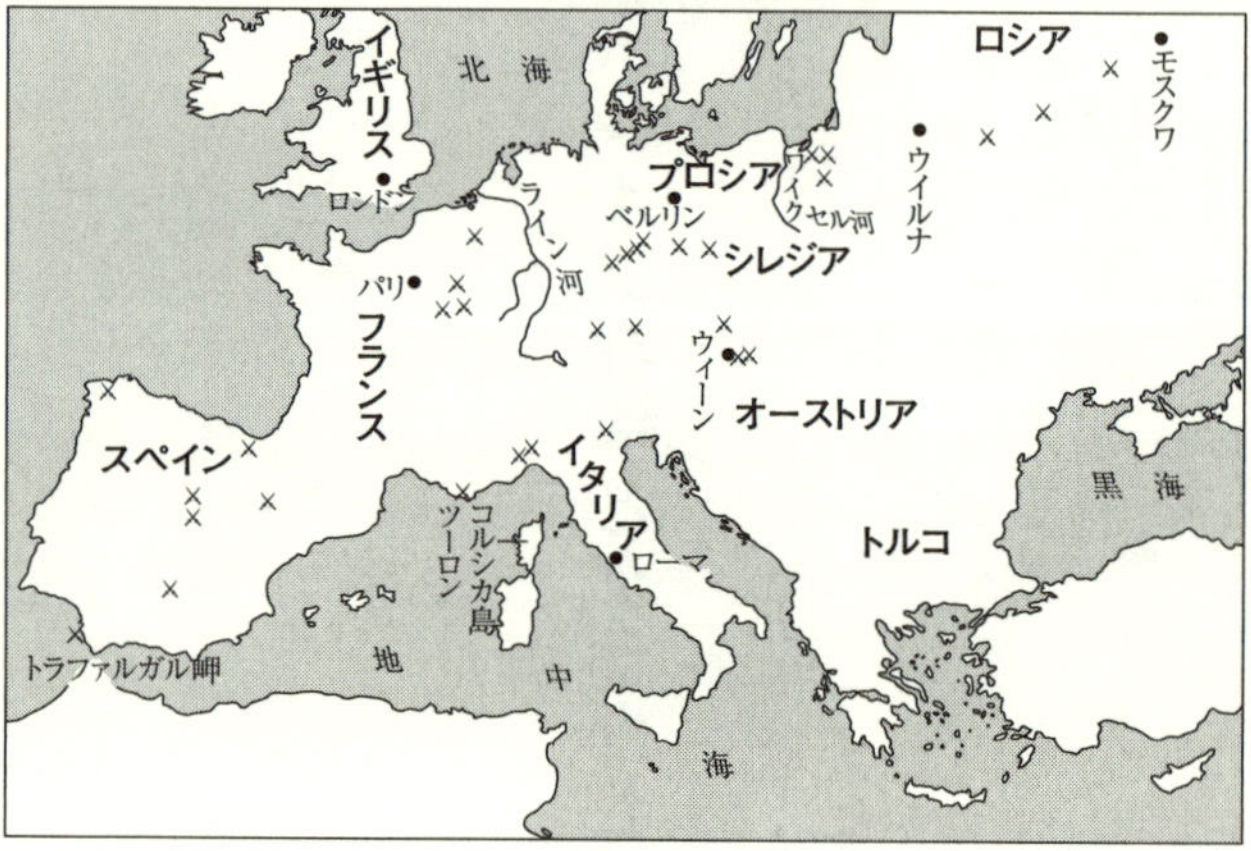

1　フリードリッヒ大王と制限戦争

絶対王制時代の戦争

プロシアのフリードリッヒ大王（一七一二〜八六）が活躍した時代の欧州では、広範な合意のもとで成立した条約によって領土や権力のやりとりがおこなわれていて、戦争で相手国やその同盟国を完全に撃滅するまで追及することはめったになかった。

当時の軍隊は、貴族の将校と高価な傭兵で編成されたプロフェッショナルな常備軍であり、軍事行動は要塞や倉庫や補給線の攻防を中心におこなわれ、戦闘で決定的な決着をつけることよりも、巧妙な機動により態勢の優越を獲得することに重点がおかれた。

なぜなら当時、軍隊が壊滅すれば国王の地位を保証するものは何もなく、さりとて各国の脆弱《ぜいじゃく》な財政的基盤では莫大な費用をかけて軍を新たに建設することは不可能だったため、軍事行動は高価な傭兵の損耗を惜しんで慎重なものになっていたからである。野心的な国王でさえ、いくらかでも有利な地歩を獲得し、これを講和締結時に利用する以上のことを望まなかった。

こうした消極性は、国家の脆弱な経済的・財政的基盤による限られた資源、軍の兵站《へいたん》が固定倉庫に依存していたことによる行動範囲の制約、どんなに訓練されていても精神上の信念をもたない傭兵といった要因にも影響されていた。とくに傭兵は、食糧捜索に分散させると消え去る者が続出し、定期的な物資の供給が少しでも遅れると士気は著しく低下するといったありさまであった。

したがって、短期決戦よりも機動により有利な態勢を占めることが重視され、それが当時では正統な戦争とされた。オーストリア継承戦争は八年、第三次シレジア戦争は七年と戦争は長期にわたる傾向があった。このため、持久戦争とも制限戦争とも称される。

このように一八世紀の戦争は、のちにナポレオンがおこなった絶対戦争と比較して、政治的目標においても、敵を撃滅して戦争終結をめざす具体的な能力の点においても、一般に限定的であった。この時期を代表するフリードリッヒ大王の制限戦争（持久戦争）と、その対極にあるナポレオンの絶対戦争（決戦戦争）が対比されるゆえんである。

フリードリッヒ大王の七年戦争

とはいえフリードリッヒ大王も、一七四〇年から四一年の第一次シレジア戦争、四四年から四五年の第二次シレジア戦争では、「プロシアの戦争は短くして激しくなければならぬ」として短期戦を追求していた。小国だったプロシアには長期戦に耐えるだけの力がないため、機先を制しての奇襲侵攻にプロシア王位を賭けた一世一代の戦いを託したのだ。

だが、国力をある程度大きくした五六年から六三年の第三次シレジア戦争、すなわち七年戦争では、シレジア（現在のポーランド東部のオドラ川流域）の確保を唯一の目的として、当時の典型的な戦い方、つまり決戦をなるべく回避して策略を用い、防勢戦略に徹して、武力の誇示と政治外交の駆け引きにより敵の抗戦意志を放棄させることに専心した。

なぜならフランス、オーストリア、ロシアの連合軍はプロシアの四倍以上の兵力をもち、連合軍が完全に連携して決定的な攻撃をおこなえばプロシア軍は撃破され、領土が占領される恐れがあったからだ。だが、プロシアはここというときには攻撃に出た。欺騙《ぎへん》・陽動、夜間行軍、奇襲的な進撃などの機動作戦を用い、敵の消耗を企図した。それがロスバッハやロイテンの戦いである。

この戦いに勝利すると、ロシアとフランスはプロシアを撃破するのは対価が高すぎるとして離脱した。オーストリアは単独で戦うには弱体すぎたことからここに講和が成立し、フリードリッヒはシレジアを確保するという限定した政治目的を達成し、プロシアの地位を確立することに成功した。

プロシアの人的資源の劣勢と、仏・墺・露の大国に囲まれてその一国に全力集中できないという制約条件から機動戦略に頼ることになったフリードリッヒは、しかし資源の状況が許すようになっても、四〇年にシレジアを確保したのちは二度と征服戦争をおこなわなかった。彼の戦争目的が、シレジアの確保が十分に保障されることだけにあったからだ。

フリードリッヒを真に偉大にしたのは、こうしたバランスのとれた政治的判断と、戦略を政治的現実に適合させる能力であった。それが長い統治期間を通して、戦争を国家の政策の道具として巧みに使用することに成功させたのである。

2 ナポレオンと絶対戦争

フランス革命戦争とナポレオンの台頭

一七八九年七月に起こったフランス革命は、君主専制主義の打破をめざす自由平等主義による革命であったが、列強各国はこの革命の波及をおそれ、武力干渉してきた。列強軍に対してフランスは、義勇兵をつのって戦った。義勇軍は練度こそ低かったものの、兵数の優勢と国家意識に目覚めた高い士気をもって、精強なプロシア軍を撃退した。

これをみてフランスに脅威を感じた各国が九三年二月に対仏同盟を結成したため、フランスは英国を中心とした列強同盟と戦わなければならなくなった。そこでフランス公安委員のカルノーは、欧州最大の人的資源を最大限に組織化するため、軍制改革を断行した。カルノーは徴兵制度を採用し、全軍を軍団と師団に編成し、師団は参謀組織と歩兵・騎兵・砲兵などすべての兵種をもって編成し、数個師団をあつめて軍団を編成した。

徴兵制による国民軍は、傭兵軍よりも少ない費用で多くの兵力を維持でき、また兵士を補充することも容易だったので、戦場において損耗を恐れずに決定的行動をとることが可能になった。また、全軍を軍団と師団に編成したことにより迅速な移動と柔軟な機動が実現し、戦場において集中的に、決定的な行動がとれるようになった。

この国民軍を縦横無尽に用いて、列強軍を次々と打ち破ったのがナポレオンであった。一七六九年にコルシカ島に生まれたナポレオンは、シャン・ド・マルス士官学校を卒業し、紆余曲折をへて革命後義勇軍にはいると、ツーロンの攻撃における戦功で頭角をあらわし、九六年にイタリア遠征軍司令官に抜擢《ばってき》された。

その前年、フランスはライン川を国境とすることをプロシアに承認させていたが、オーストリアと英国はこれを認めなかった。そこで海軍力で劣るフランスは、英国の本土攻略はおいて、オーストリアを攻撃することにした。

フランスはライン川の下流と上流、イタリアの三方面からウィーンを合撃する戦略を立て、ライン正面にはそれぞれ八万の兵力を、イタリア正面には三万の兵力を用いた。いわばイタリアは支作戦であったのだが、その司令官となったナポレオンは軍事の天才ぶりを発揮して連戦連勝し、ついにイタリアを主作戦正面に変えてしまい、オーストリアの死命を制したのである。この勝利でナポレオンは、征服地に課した献金により政府の財政をもうるおし、第一統領、さらには皇帝へと階梯を駆け上がる基礎を作りあげたのだ。

ナポレオンの新しい戦争

ナポレオンはイタリア戦役において、主攻（作戦軍の主力による攻撃）に兵力を集中し、敵の中央を突破して分断し、分断した敵を各個に撃破するという原則を用いて連戦連勝した。それは、彼がカルノーらの考えを体系化して、決戦戦争の戦略と戦術として確立したものだった。

一七九九年一一月、第一統領についたナポレオンは、翌一八〇〇年にアルプスを越えて再びイタリアに進出し、ライン正面からのモロー将軍の攻撃と呼応してオーストリア軍を撃破し、ライン左岸とイタリアの大半を手中に収めた。そして〇四年一二月に皇帝に即位し、さらに欧州の制覇をめざして軍をすすめ、列強軍を打ち破っていくのである。

ナポレオンが諸列強軍をことごとく打ち破ることができたのは、彼らの概念にない新しい決戦戦争を強要したからであった。各国の将軍たちは、フリードリッヒ大王以来の騎兵を中心とした傭兵部隊によって、土地の攻防を目標とし、兵力を分散して慎重な機動をおこなう持久戦略を墨守していた。これに対してナポレオンの戦争目標は、敵国の崩壊をもたらすもっとも直接的な手段である敵野戦軍の撃滅で一貫していた。

ナポレオンはこの目標を達成するため、決定的な地点に優勢な兵力を集中し、敵の中央を突破、分断して各個に包囲、撃滅し、さらに敵の抵抗力を完全に破壊するため、大規模な追撃を敢行するという絶対戦争（決戦戦争）を強要したのだ。

こうしたナポレオンの新しい戦争の実行を可能にしたのは、カルノーが整備した、大兵力をもち、その補充も容易な国民軍、大部隊の行動を容易にする縦隊戦術、部隊を遠方まで行動可能にする現地給養による兵站という三要素と、これを活用する新しい戦略と戦術の完成であった。

ナポレオンは、歩兵・騎兵・砲兵など全兵種からなる八〇〇〇人で師団を編成し、二〜三個師団で軍団を編成するように全軍を再編成した。そして、縦隊戦術においては歩兵・騎兵・砲兵を組み合わせた三兵戦術に改良をくわえ、大部隊が集団的に行動し、あらゆる機会をとらえて突撃をおこない、中央突破と追撃により敵を撃滅するための決戦戦略を編みだした。軍事的天才としてのナポレオンの真価は、システムを縦横無尽に運用して、こうした決戦戦略を実行する能力にあった。ナポレオンと他の将軍たちとの戦いの帰趨は明白であった。短期間のうちに欧州を席巻して覇を唱えたのも当然だったのである。

ナポレオン戦争という手段の限界

ナポレオンは戦争によって領土を拡大し、一八〇六年にはロシアをのぞく欧州大陸を手中におさめたが、その覇権を完成させるうえで意のままにならないものがあった。英国のシーパワー、スペインの山岳地帯と国民の反抗、ロシアの荒涼たるステップ（森林地帯と砂漠の中間にある大陸性気候の草原）と冬将軍である。

英国に対してナポレオンは、英本土の上陸占領を企図して一五万の兵と二〇〇〇隻の船を集結したが、〇五年一〇月のトラファルガ沖海戦において、フランス・スペイン連合艦隊が英国のネルソン艦隊に撃破されたため、英本土上陸を放棄しなければならなかった。

トラファルガでの敗戦により海軍力が劣勢となったナポレオンは、軍事力により英国を屈服させることを諦《あきら》めなければならなかった。つまり政治目的達成のための戦争という手段をやむなく放棄したのである。そこでナポレオンは〇六年一一月、英国と欧州大陸の通商を禁じる大陸封鎖という経済的手段に打って出た。英国への食糧の輸出を禁止して、飢餓に追いこむことによって屈服させようとしたのだ。

だが、海軍力で劣るナポレオンは英国を海上封鎖できないため、大陸自体を封鎖しなければならなかった。封鎖を完全にするためには、欧州大陸を完全に自己の支配下におく必要があった。これに敢然と抵抗したのが、スペイン国民とロシア軍であった。

ナポレオンは〇八年春までに一〇万の兵力をスペインに送り、スペイン国王の王位を簒《さん》奪《だつ》した。これがスペイン国民の怒りを呼び、愛国心に火をつけて、各地に熱狂的反乱が発生した。フランス軍は国境近くにまで圧迫された。連戦連勝のフランス軍がスペイン国民に破られたことは、ナポレオン圧制下の諸国民を奮起させた。

ナポレオンはみずから二〇万の兵を率いてスペインを制圧したが、山岳地帯を活用したスペイン国民のゲリラ（スペイン語で小戦争の意）的抵抗は終わらなかった。そのためフランス軍はスペインに釘付けとなり、一二年のモスクワ遠征時にも一五万もの兵力をスペインに残置しなければならなかった。

ナポレオンが企図した大陸封鎖には、産業革命を終えた英国と、革命のあと資本主義的発展期に入ろうとするフランスとの経済戦争という側面もあった。フランス産業の発展は市場の開拓を必要とし、英国製品を大陸から閉め出してフランス産業が大陸市場を独占することを望んだ。政治の手段としての戦争は、産業発展にともなう市場開拓の任務をも担《にな》っていたのである。

必然的に大陸封鎖は、英国やその植民地との貿易に依存していた諸国、たとえば主として農産物を英国に輸出し工業製品を輸入していた中・東欧の農業国などの生産と流通の関係を破壊した。大陸諸国は英国と密貿易をおこない、とくにロシアは中立国船舶による英国との貿易に便宜をあたえ、フランス製品に重税を課してその貿易に打撃をあたえた。さらに、従属国は課税、軍の差し出し、ナポレオン軍の通過や宿泊などによって痛めつけられ、同盟国にも同じような措置がとられた。ここに至って、従属国や同盟国もナポレオンに反旗をひるがえすのである。

ナポレオンはロシアを屈服させて、大陸封鎖の破綻を繕わなければならなくなった。それは当初から、モスクワの占領をめざしての戦いではなかった。対してロシア軍がとった退却作戦も、勝利を収めるための計画的なものではなかった。ロシア軍は四五万というナポレオンの大軍に恐れをなし、決戦を避けて退却したにすぎなかったのだが、結果としてナポレオンに彼が得意とする、敵を分断して各個撃破する戦術を発揮させなかった。その焦りがナポレオンを心ならずも、計画を変更してモスクワまで深入りさせる結果となり、ロシア軍の焦土作戦による食糧不足に冬将軍の到来が重なって自滅したのである。

一二年六月上旬にワイクセル河畔（ポーランド）を発した四五万のナポレオン軍は、九月中旬にモスクワに到着したときすでに一一万に減じ、退却してウイルナ（リトアニア）にたどり着いたときにはわずか四万になっていた。兵力損耗の大半は戦闘によるものではなく、凍死、疲労死、落伍であった。つまり、軍事の天才ナポレオンをもってしても、広大で荒涼としたロシアのステップと気候という大自然の力には勝てなかったのである。それは、欧州において政治的意志を戦争という手段によってのみ強要することの限界を示していた。

ナポレオン伝説の呪縛

ナポレオンの戦争は、その軍事的天才によって絶対戦争といわれる極限の姿にまで発展し、フリードリッヒ大王に代表される限定された戦争を片隅に追いやってしまった。ナポレオンは、フランス革命がもたらした国民の情熱と大量動員力を最大限に活用する手段として戦争を用い、欧州大陸の制覇という壮大な政治目的を追求した。

絶対戦争といわれる形態は、数的に優勢な兵力を決定的な地点に迅速に集中し、敵野戦軍を撃破して敵国の抵抗力を完全に奪い、こちらの政治的要求を一方的に強要して戦争を終結させるというものであった。このような新しい戦争を可能にしたものに、国民国家の成立による兵の大量動員、火砲に代表される軍事技術の発達、大軍の給養を現地調達で可能にする社会の発展、といった条件があった。

しかしナポレオンは各国の抵抗手段を粉砕して、一時は欧州大陸の大半を支配下においたものの、各国の抵抗意志までは粉砕できなかった。時とともに、フランスだけが経済的に有利な条件下での平和を拒み、戦争に訴える国が出てきたのである。このように軍事力によって敵野戦軍を撃滅しても、敵の抵抗意志を完全に破砕して政治目的を完成させることはできない。政治・外交と経済が同時に絡むことによって、軍事的成果を最終的政治目的の達成に導くのだ。

ナポレオンは戦争には勝利しつづけたが、政治家として真の同盟国を保有し、敵国を懐柔し、あるいは全体的な政治的解決をはかることには明らかに失敗した。彼は戦争に勝利したあと、各国が許容できる欧州の秩序を構築しようとする認識すらもっていなかった。絶対的な支配を求めるナポレオンの政治的要求は、英国、プロシア、オーストリア、ロシアといった大国を同盟させ、彼が敗北するまでそれを維持させてしまったのである。

また彼の独壇場であった戦争においても、各国は次第にフランス軍が成功した要因を学習し、フランス軍に対抗できるようになる。プロシアとオーストリアは徴兵制を導入し、新たな戦略や戦術を開発し、参謀システムを導入した。フランスだけが新しい戦争システムを導入した優位は失われていき、勝ちつづけることはできなくなっていった。

ところが、ナポレオンの連続した劇的勝利の衝撃があまりにも大きかったため、その統治下末期の一連の敗北にもかかわらず、彼の軍事的天才としての名声は失墜することなく、ナポレオン伝説はその後も生きつづける。決戦による敵の撃滅という絶対戦争の思想は、第一次世界大戦、さらには実質的に第二次世界大戦にいたるまでの欧州の軍事思想を支配するのである。

3 クラウゼヴィッツの戦争論

ナポレオンの遺産

決戦による勝利の追求というナポレオンの戦争スタイルは、フランス人のジョミニ（一七七九〜一八六九）やプロシア人のクラウゼヴィッツ（一七八〇〜一八三一）の著作によって普及し、後世にまで量的にも質的にも大きな影響をあたえた。その思想はじつに二〇世紀前半まで、主要国相互間の大規模な戦争の戦略概念を支配したのである。

ジョミニは一八〇五年から一二年までの間、ナポレオン軍の参謀として活躍し、その後一三年から六九年までの長期間をロシア軍に勤務した異色の経歴をもつ。彼はナポレオン戦争の教訓から、時代を超越した不変の戦略原則を見つけ出そうとした。

ジョミニが見つけ出した必勝の戦略原則の中心は、「軍の主力を可能なかぎり戦争舞台の決勝点に、または敵の後方連絡線にむけ、自己自身と妥協することなく、戦略的移動により継続的に投入する」というものであった。ジョミニの『戦争概論』に代表される著作は、現実的で教訓的であるため読みやすく、当時は多くの者に読まれた。

こうしたジョミニの思想はロシア、フランスだけでなく、米国に渡って南北戦争をへてマハンの海軍戦略に取り入れられるなど、第一次世界大戦前後の将軍たちの軍事思想に大きな影響をあたえた。

ジョミニとは敵対する立場のプロシア軍の将校だったクラウゼヴィッツも、ナポレオン戦争を実際に体験した。だがクラウゼヴィッツは、戦争に勝つための普遍的な原則の存在を信じず、時代や社会の変化こそが原理原則を新たに更新すると考えていた。その著書『戦争論』は、戦争の本質と戦争の政治的側面を探究しているところに特色があった。ジョミニの著作ほど教訓的ではなく、観念的で現象的な記述方法と本人も認めているように不完全な部分もあるため、読みづらく難解である。

七〇年以前はドイツにおいてもジョミニのほうに人気があったが、それ以降は『戦争論』が言及している戦争の本質、軍隊の士気や質などの幅広い問題が、軍事指導者の関心を集めるようになった。第一次世界大戦時のドイツがフランスを攻撃した計画の原案「シュリーヘン・プラン」を作成したことで有名なシュリーヘン参謀総長は、殲滅《せんめつ》戦思想を強調した『戦争論』を賞賛した。このように、クラウゼヴィッツの思想がドイツのモルトケやシュリーヘン、フランスのフォッシュなどの戦略思想に継承され、第一次世界大戦を迎えるのである。

絶対戦争を「理想」として

『戦争論』が戦争学の古典としての地位を不動のものにした理由の一つには、戦争の本質を掘り下げたことがある。クラウゼヴィッツは戦争の本質を、「戦争は一種の強力行為であり、その旨とするところは相手に我が方の意志を強要するにある」と指摘している。そして、「我が方の意志の強要」という目的を達成するためには、敵の抵抗力を奪うことであり、そのためには敵の戦闘力を撃滅することであるという。

プロシア陸軍将校としてナポレオンと戦ったクラウゼヴィッツは、損害を恐れず激烈な力を仮借《かしゃく》なく発揮して徹底した攻撃をおこない、さらに追撃して容赦なく敵を殲滅するナポレオンの新しい戦争に衝撃をうけた。とくに一八〇六年のイエナ会戦ではプロシア軍が撃滅されるという国家的敗北を喫し、その結果、従属国にも等しい条件を押しつけられる屈辱を味わった。こうした戦争の強烈な教訓から学んで書きあげた『戦争論』は、敵を殲滅する「絶対戦争」を理想形とする思想としてあらわれたのである。

しかしクラウゼヴィッツは、過去のすべての戦争が利用可能な戦力と資源のすべてをもって戦われたわけではなく、多くの場合は決着がつかないまま終結したことも知っていた。つまり、現実の戦争はつねにある程度の制限をうけることを理解していた。

そこで、戦争をその目的によって、「敵の完全な打倒を目的とする」絶対戦争と、「敵国の国境付近において敵国土の幾許《いくばく》かを奪取しようとする」制限戦争に区別した。この二種類の戦争の間には、さまざまな中間的段階があるとしているが、『戦争論』は軍人としての立場から、前者に近づけるための戦略と戦術を展開している。それは、祖国プロシアが将来にわたって直面する戦争は絶対戦争であろうとの認識からだった。

したがって、クラウゼヴィッツにとって戦略の役割とは、優勢な兵力を決定的な地点に集中することを確実にすることであった。彼は、敵の完全な撃滅を目標とした大規模な戦力の集中と、攻勢的な戦略の必要性を一貫して主張した。したがって戦場で敵を撃破したあとは、さらに追撃することを強調したのである。

『戦争論』の落とし穴

もう一方でクラウゼヴィッツは、「戦争は政治におけるとは異なる手段をもってする政治の継続にほかならない」とも指摘している。そして、現実の戦争では敵を完全に撃滅しなくても、敵に勝算がなくなるか、勝利のために過大な代価を支払わねばならなくなれば、講和が成立するとしている。

ここでは「政治」が理性的、合理的に作用し、抑制要因として働くことが前提となっている。ところが現実には、「政治」が民衆のはげしい要求に押されて感情的になったり、または戦争に無知であったりすることがしばしばある。

第一次世界大戦と第二次世界大戦では、双方の「政治」が相手の抵抗力の完全な破壊と無条件降伏を求めたため、科学技術の発達や工業生産の発展とあいまって、ナポレオン戦争をはるかに超えた絶対戦争に近づいた。しかも、「政治」が戦争開始を決定するや「軍事」の成果を待つ形で脇にかくれたため、クラウゼヴィッツが想像もしなかったような膨大な犠牲を発生させ、悲惨な結果を二度も繰り返したのである。

クラウゼヴィッツは、戦争は政治目的達成のための手段であると定義しながら、戦争という手段を選ばせる政治目的とはどのようなものかについては分析していない。現実の戦争における思考の出発点となる、もっとも重要なポイントであるのに、抜け落ちているのだ。現実に起こりえない概念上の戦争をめざす、敵の戦闘力を完全に撃滅するための軍事戦略と戦術ばかりが具体的に展開され、現実に起こりうる制限戦争についての記述は少ししか見られないのである。

かろうじて『戦争論』第八篇の戦争計画において、政治と軍事の連接部分を展開しているが、それは政治と軍事の「関係」にすぎず、政治の戦争目的を軍事戦略へとつなげる間に求められる部分、すなわち外交などの政略と軍事戦略が一体となって有利な状況をめざす政戦略の部分が欠落している。つまり、政治目的を達成するための方策が、短絡的にいきなり軍事戦略となるのである。

この政戦略こそ、フリードリッヒ大王にあってナポレオンに欠けていた点であった。ナポレオン戦争に強い影響をうけたクラウゼヴィッツは、それだけにこの点を見逃したのであろう。ここに『戦争論』の落とし穴があるように思われるのだ。

『戦争論』を学んだ多くの将軍や将校たちは、「政治」が示す抽象的な戦争目的から導き出す、本来は多様であるべき軍事目標を「敵戦闘力の完全な撃滅」に置きがちになる。そして、その目標に向けて『戦争論』で学んだ戦略や戦術を適用しようとするから、その戦争はおのずと絶対戦争に近づいていくことになる。

それが、両世界大戦において双方が互いに敵野戦軍の撃滅を求めて質的にも規模的にも戦争を拡大していき、その結果、膨大な犠牲者を出し、多量の資源を浪費させた原因の一つであったように思われるのだ。

『戦争論』は一八三一年、クラウゼヴィッツの死によって未完のまま途絶し、夫人によって出版された。その原稿は密封された多数の包みに収められていたが、そのなかには「私が早死にして、この仕事がそこで途絶え、現在のままの形で残されるとしたら、それはまだ形をなしていない思考の塊でしかないから、しょっちゅう不当な誤解を招き未熟な批判の矢面に立たざるを得ないだろう」という意味深長な一文が付記されていた。筆者もまた、未熟な批判者の一人であるかもしれない。

戦争における「政治」と「軍事」の関係

クラウゼヴィッツは、戦争は政治の一手段であるから、軍事的手段は戦争行為の終始を通じて大戦略の次元のもと、政治的な考慮によって指導され、統制されるべきであることを強調している。

つまり、戦争の開始を決定し、方向づけ、好機を逸することなく戦争を終結する主体は政治でなければならない。また、相手国に敗戦という結果を受け入れて和解するよう説得し、それを妨害しようとする関係諸国も受容できるような和解に到達させる責任があるのも、政治であるというのだ。

その好例が、一八六六年の普墺戦争において、戦争目的をドイツ統一の基礎を築くことに限定し、ウィーンの攻略を許さず、敵国オーストリア政府と関係国フランス政府にケーニッヒグレーツの勝利を受け入れさせて、戦争を終結したプロシア宰相ビスマルクの政治的手腕であろう。ビスマルクは、プロシアの北ドイツ連邦支配と南ドイツ連邦との攻守同盟を仏墺両国に認めさせて、ドイツ統一の基礎を築くとともに、きたるべき普仏戦争においてオーストリアが中立に立つ布石を打つことに成功したのだ。

クラウゼヴィッツはもう一つ重要な点として、ときとして政治が軍事的手段や方策の性質にふさわしくない、誤った効果を要求することがあることを警告している。

イラク戦争においてラムズフェルド米国防長官は、イラク軍撃破後の対テロ戦争においても少数のハイテク軍にそのまま任にあたらせた。だが、全土に分散して抵抗するテロリストを掃討するには、歩兵部隊を中心とした優勢な兵力が必要だった。求める効果に不向きな手段を用いた典型的な例である。

また、クラウゼヴィッツは「政治的要素は、戦争における個々の事項の末端まで深く浸透するものではない」として、戦争において政治家が軍指導者にしてはならない限界線を示している。これについてはサミュエル・ハンチントンも、政治指導者は政治的考慮事項と純軍事専門的考慮事項を区別すべきであり、純軍事専門上の決心が必要な状況で、みずからの意見を軍事指導者に押しつけたいという誘惑に抵抗すべきであるとしている。

戦場における指揮は、一瞬の好機を活用、あるいは切迫した危険を回避する指揮官の判断で成否が決まる。この軍事の専門的領域には、政治が干渉してはいけないのである。たとえば、第二次世界大戦のスターリングラード戦におけるヒトラーの作戦指導への干渉が、ドイツ軍失敗の大きな要因となり、連合軍に攻勢への転機をあたえた例がある。また時代を下っては、一九八〇年の在イラン米国大使館人質救出作戦におけるカーター大統領の直接干渉による失敗がある。

戦争を決断し、その目標、手段、範囲などの要綱を決定するのは政治である。また、戦争の主要結節点で方向性を示し、戦争の終結を決心し、戦後の回復をおこなわせるのも政治である。だから政治に関係する者はみな、戦争学を学ばなければならないのだ。

とはいえ、政治家が将軍に匹敵するだけの戦争の知識を習得することはむずかしい。そこでクラウゼヴィッツは次のように提言する。

「戦争が政治の意を体して行われ、また政治が戦争の手段と齟齬《そご》しないためには、政治家と軍人とが一身に兼備されない限り、残された途は、――最高の将帥を内閣の一員に加え、最も重大な時機には内閣の審議および議決に与《あずか》らしめるという制度だけである」

これはたとえば、米国の統合参謀本部議長が大統領を専門的立場から補佐するようなものであり、シビリアンコントロールを侵すものではなく、有効に機能させるものなのだ。

日本の戦前の軍部が誤った戦争に国を引きずり込んだのはかなり特殊な例であって、次の講で述べるように、政治指導者や文官官僚の判断の誤りによって戦争に陥ったり、無用な犠牲を出したりした戦例は数多く存在するのである。軍人がすべて悪であり、政治家がすべて善ではない。戦争を正しく理解する者は、愚かな戦争には走らないのである。

第四講　第一次世界大戦とリデルハート

シュリーヘン・プラン要図

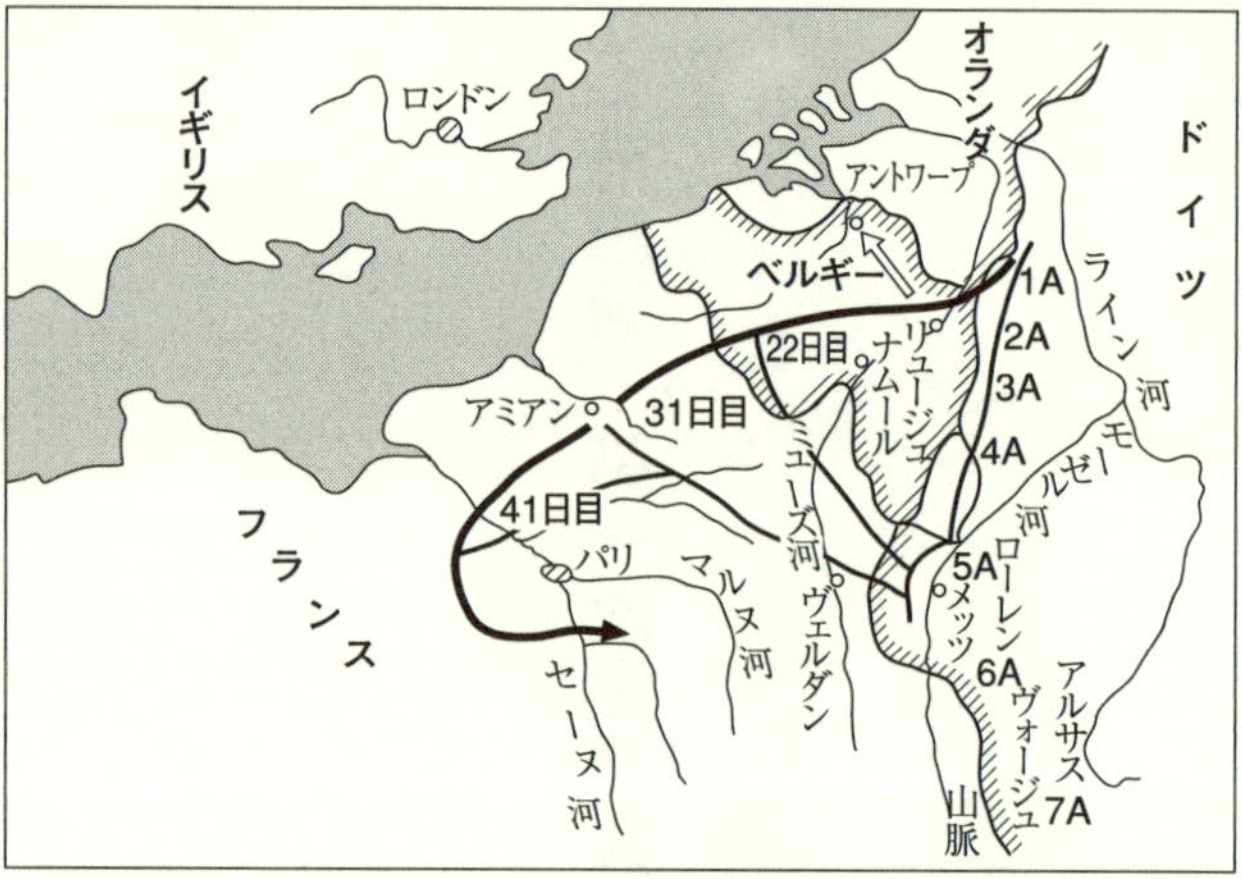

（佐藤徳太郎『近代西欧戦史』より作成）

東西戦場陣地線要図

（安井久善他編『第１次世界大戦概史』より作成）

1　シュリーヘンの戦争

大陸国ドイツの挑戦

　第一次世界大戦は一九一四年六月二八日、ボスニアのサラエボでセルビアの一青年がオーストリア皇太子に放った凶弾が引き金となって勃発した。一つのテロが世界大戦を引き起こすまでに過熱した火種は、ドイツ皇帝ウィルヘルム二世の世界政策にあった。

　ウィルヘルム二世は欧州に君臨したビスマルクの政策をさらにすすめて、「ドイツの将来は海上にあり」と呼号し、海外に発展する政策に転換していった。ドイツ資本主義の発展と人口増加が、ドイツの海外進出を必然的に求めていたのである。それは、七つの海を支配してきた英国への挑戦でもあった。

　ドイツはその世界政策にもとづいて、強引に植民地獲得競争に割りこんだ。日清戦争後に膠州湾《こうしゅう》を租借《そしゃく》し、米西戦争に乗じてスペインから南洋諸島を買収してアジア太平洋に進出し、アフリカでもカメルーン、東アフリカなどを植民地として横断政策をとり、英国の縦断政策と衝突した。

さらにドイツは、欧州の脇腹であるバルカンから中東への進出も策した。オーストリアをバルカンに進出させ、ロシアの眼を東方へ向けさせて日本と戦わせ、3B政策を推進してバグダッド鉄道の敷設権を獲得し、エジプトとインドに脅威をあたえた。これが英国の3C政策と衝突する情勢となっていく。また、汎スラブ主義を唱えてバルカンのスラブ民族を勢力下に収めるため南下を企図していたロシアとの緊張も高まっていた。

このように、ドイツの世界政策は英国と全面的に対立するとともに、ロシアやフランスとも競合していた。しかも、バルカンは英独露の三大勢力が交叉し、かつ諸問題をかかえる諸国が乱立していたので、まさに「死の十字路」と呼ばれる情況となっていた。

ボスニアでの一発の銃声によって、同盟や協商関係にある英仏露三国（連合国）と独墺二国（同盟国）を中心とする欧州ではじまった戦争は、日英同盟にもとづいて日本が、さらに英国との関係によって米国が連合国側に参戦し、世界規模の大戦へと拡大していった。そして戦争後半に連合国側では唯一の大陸国ロシアが革命により脱落することによって、戦いは完全に海洋国家と大陸国家の対決という様相を呈することになる。

世界大戦における各国の政治目的は国家の存亡を賭けるというものであったため、手段としての戦争は各国がもてる軍事力をすべて投入する大戦争へと拡大していった。

シュリーヘン・プラン

一八九一年、ドイツの参謀総長に就任したシュリーヘン元帥は、露仏両国との戦争においては、ドイツの地政学的位置から西攻東守の戦略を考えた。世にいうシュリーヘン・プランである。

全兵力の八分の一（約六個軍団）をもって東プロシアにおいてロシアに対する防勢作戦をおこない、八分の七（約四〇個軍団）の兵力で西方に攻勢して六週間以内にフランスを降し、ついで全兵力をとって返して東方に向かって攻勢に転ずるという構想であった。

西方の攻勢は、西方に投入する全兵力の八分の七（約三五個軍団）をもって、メッツ以北の地域からミューズ河以北のベルギー領を侵攻する旋回包囲をおこない、パリ西方から大きくフランス軍を包囲し、これをスイスの山中に圧迫撃滅するというものであった。

東方における防勢は、マズール湖沼地帯を盾とし、レッツェン要塞を軸として、適宜に兵力を東方または南方へ集中して内戦作戦をおこなって持久するという構想であった。

一方、フランス、ロシアを中心とする連合側の戦略は、同盟側の主敵ドイツを東西両正面からベルリンを目標として挟撃することであった。フランスとロシアは協議して、フランスはドイツに対する兵力を二〇〇万とし、第一一日目から攻勢に出ることを約した。ロシアは少なくとも八〇万をもって、約一五日目以降に攻勢することを約した。

フランス軍のジョッフル参謀総長は、攻勢主義にもとづいて「第一七号作戦計画」を策定した。フランス軍は主力をもって、メッツとそれ以南の地区を中央突破してドイツ軍の旋回軸を破砕し、ドイツ旋回主力軍の背後を包囲攻撃して撃滅するという構想であった。

実行されなかった政略

この大戦においてドイツの「政治」は、「軍事」に対して明確な政治的指針を示さなかった。したがって、シュリーヘン・プランは外交政策と整合されていなかった。プランを成功させるためには、ドイツがフランスを攻撃してもロシアがすぐには参戦しないことと、中立国ベルギーを侵犯しても英国が参戦しないか、少なくともその決定に時間がかかるような、英露両国に対する外交政策を整合させる必要があった。

一九〇七年、英仏露三国は、ドイツとオーストリアに対して三個以上の戦線から同時に圧迫をくわえ、英海軍が海上封鎖して両国を経済的に締めつけることを戦略目的とする英仏露三国協商体制をむすんだ。もはや、シュリーヘン・プランが成立する政戦略的条件が整うことはなくなった。にもかかわらず、ドイツの政治指導者は十分な外交的成果をあげないまま、プランを容認した。

クラウゼヴィッツは政治が戦争の要綱を決定すべきであると述べたが、現実の政治ではこのように、必要な政略が実行されないこともしばしばあるのだ。

作戦計画としてのシュリーヘン・プランはきわめて放胆で、芸術的とさえいえる魅力があった。その成否は、東方戦場のロシア軍と、メッツ付近の旋回軸に対するフランス軍の攻撃を少ない兵力でしのいで、旋回する主攻兵力をつとめて強大にすることにかかっていた。そして重点正面以外では、多少の敗戦や失地には目をつむるという徹底が必要であった。このためには、参謀総長が優れた戦略眼と胆力をもたなければならない。

ところが、シュリーヘンのあとを継いだ小モルトケ（大モルトケの甥）は、参謀総長として普墺、普仏両戦争を指揮して勝利し、世界最強のドイツ陸軍をつくりあげた偉大な軍指導者である大モルトケのような戦略眼にも胆力にも欠けていた。小モルトケはロシア軍を重視するあまり、多くの兵力を東方戦場に割いた。また、西方戦場においてもフランス軍の攻撃を気にするあまり、旋回軍とメッツ周辺の守備軍の比率を三対一とする徹底を欠いた計画に修正してしまった。この時点で、シュリーヘン・プランの成功はなくなった。シュリーヘンは死の間際まで、「つとめて右翼を強大にせよ」と言い続けた。この計画の成否は、旋回軍の、最右翼の兵力いかんにかかっていたのだ。

2 ナポレオン戦争を超えた絶対戦争

決戦から消耗戦へ

第一次世界大戦開戦時の両軍の総兵力は、ドイツ・オーストリアの同盟国側が六五〇万、火砲九四〇〇門。フランス・ロシア・英国・ベルギー・セルビアの連合国側が九五〇万、火砲一万二三〇〇門。ナポレオン戦争時とは比較にならない膨大なものであった。

一九一四年八月一八日、ドイツ西方軍主力は一斉に国境を越えて前進を開始した。小モルトケは主攻である右翼（旋回軍）の攻撃が順調に進展すると、計画を変更して両翼包囲をねらい、右翼に増援する予定の左翼にも攻勢を命じた。また、東方戦場の東プロシアにおける第八軍の危急を救うために、決戦正面の西部戦線から二個軍団と一個騎兵師団を転用した。このため、最右翼の第一軍の戦線が拡大するにしたがって兵力が不足し、パリ東北方約五〇キロの地点まで迫ったところで息切れしてしまった。

旋回包囲を成功させるための、決戦正面への兵力集中、なかでも右翼への兵力集中という方針に逆行して、短期間にフランス軍を包囲殲滅する機会を失してしまったのだ。

一方、フランスの軍最高司令官ジョッフルも失策を犯していた。ドイツ軍の旋回軸メッツ正面の中央突破をはかる第三軍の後方に控える第四軍を、ドイツ軍右翼の進撃に引きずられて第三軍の北方に投入し、中央突破する機会を失してしまったのだ。その後、仏英軍はドイツ軍右翼と北海海岸の間の間隙を攻撃し、ドイツ軍もこれに対応したため、北翼が延伸競争となって一〇月中旬にイーゼル河の線に沿って海岸に達した。ここに西部戦線において、スイス国境から北海に面したダンケルクまで、欧州を数百キロにわたり縦断して両軍が対峙する陣地線が出現した。

東部戦線でも、当初は進攻するロシア軍にドイツ軍も運動戦（一ヵ所に固着しない戦闘。陣地戦の対）で対応した。ドイツ第八軍がロシア第二軍をプロシアのタンネンベルクにおいて包囲殲滅し、ロシア兵二十数万のうち脱出した者はわずか一万五〇〇〇という名高い会戦もあったが、西部戦線と同様に運動戦はやがて陣地戦に移行し、その陣地線はバルト海に面したメーメルからルーマニア国境にまでおよんだ。

こうして、短期決戦の機会を失って陣地戦へと転換した両軍は、戦況の打開を図ろうとして攻撃を繰り返したものの戦力が均衡していて戦線を突破することができず、陣地はますます強化された。こうなると、堅固な陣地を突破する決定的な攻撃力を欠いていた当時では、長期戦に陥っていくのはやむをえない。互いに陣地を突破しようとする肉弾戦を繰り返して膨大な損害を出しながら、どちらが先に人的・物的戦力が尽きるかで勝敗が分かれる総力戦、長期消耗戦となっていった。

海上の戦い――封鎖と通商破壊

海上では、ドイツ海軍に六割以上の優勢を保持する英国海軍が、ドイツ本国と海外とを遮断して経済封鎖すべく、北海の封鎖を計画した。英海軍は元来、ドイツ主力艦隊を撃破する思想であったが、ドイツ海軍が決戦を回避する姿勢を見せていたため、やむをえず北海封鎖に作戦を切り替え、ドイツ艦隊が出撃すれば撃滅することを考えていた。

これに対しドイツ海軍は、英主力艦を奇襲攻撃して彼我の艦隊勢力の均衡をはかったのち、艦隊決戦をおこなって海上封鎖を打破する。バルト海ではロシア艦隊に対して攻勢をとる。そして、潜水艇（Uボート）と艦艇をもって、大西洋や各海域で通商破壊戦をおこなうという構想であった。ところが、開戦時の海軍軍令部長ポール提督は、英海軍にたいして奇襲攻撃をおこなわないまま北海封鎖を許してしまった。

フランス海軍はアドリア海の制海権を確保するとともに、英地中海艦隊と協力して地中海の安全を確保する構想であった。これに対するオーストリア海軍は、アドリア海では守勢に立つが、地中海において英仏艦隊に奇襲攻撃をおこなうことを考えていた。

開戦以来の英海軍による北海封鎖によって経済的苦痛が増加するにしたがい、ドイツ海軍には英艦隊を北海に誘致して局部的成果をおさめ、情況により決戦をおこなおうとする動きが出てきた。こうして一九一六年五月三一日、英独両艦隊の間でジュットランド沖海戦が戦われ、ドイツ艦隊が成果をあげたものの英海軍の優勢を覆すにはいたらなかった。

英海軍の封鎖に対抗して、ドイツ海軍は一五年初頭からUボートによる通商破壊をおこなっていたが、中立国の国旗を掲げた船はいちいち臨検し、積載物を確かめたあとでなければ撃沈できなかった。通商破壊の効果をあげるには敵国に向かう船は中立国のものであっても臨検せずに撃沈する無制限潜水艇戦をおこなう必要があったが、その実行は英国に好意をもつ米国の参戦を誘発するおそれがあり、踏み切れないでいた。

ホルツェンドルフ独海軍軍令部長は、戦局打開のカギは仏伊両国を支える英国にあり、英国が必要とする軍需・生活物資の輸入を遮断すれば講和を引き出せるとして、無制限潜水艇戦の開始を主張した。政府・議会・軍部において賛否両論が闘わされたが、国民世論が支持したために大本営会議は一七年二月一日からの無制限潜水艇戦の実施を決定した。

無制限潜水艇戦を開始した当初は、毎月六〇万トンを超える船舶を撃沈する成果をあげ英国を危機に陥れた。しかし、ドイツ海軍が通商破壊を全艦艇をあげておこなわなかったこと、連合国側は対潜防護、護送制度の採用、商船の建造修理、中立国船舶の買収徴用などにより船腹量の維持をはかったことから、撃沈率は四月をピークに漸減していった。

このように海上でも、陸上での消耗戦に歩調を合わせるかのように、物的資源の補給を断つための戦いがおこなわれた。そのなかで連合国側は北海封鎖を完遂し、ドイツの通商破壊を乗り越えることで軍需・生活物資を補給しつづけ、逆にドイツ側のそれを枯渇させた。これが、陸上の消耗戦を連合軍の勝利へと導く大きな要因となったのである。

米軍の参戦と戦争の終結

米国は大戦勃発以来、中立を守り交戦各国に物資を供給していたが、ドイツが無制限潜水艇戦を開始するにおよんで、一九一七年四月に連合国側に参戦した。

米国が参戦を決定した一七年は、連合国側が危機に直面していた時期でもあった。ドイツが無制限潜水艇戦の成果をあげ、連合軍の春季攻勢が失敗してフランス軍が崩壊の縁《ふち》に立ち、イタリア軍も作戦に失敗して戦意を低下させていた。さらにロシアが一一月の革命(十月革命)によって脱落したため、東部戦線のドイツ軍を西方戦場に転用することが可能になり、ドイツ兵力が増強されたのである。

ロイド・ジョージ英首相とクレマンソー仏首相は、強固な意志と指導力をもってこの危機を克服した。そして、一八年から総攻撃を開始して戦争の決着をつけたいと考えたが、最後の決め手となる兵力が不足していた。両首相が戦争の遂行を堅持し、兵力不足を克服する決め手が米国の参戦であった。

連合国は予想されるドイツ軍の攻勢を阻止して米軍の輸送の安全をはかり、優勢な兵力を集中したのちに総攻撃を開始して、最後の勝利を獲得することにした。

米軍の兵力は一八年三月の時点では六個師団の三〇万であったが、その後、毎月二五万の増援をえられる情勢となって、連合軍は八月八日から勇躍、総攻撃を開始した。一一月には米軍の兵力は四二個師団の約二〇〇万に達していた。米国の参戦はロシアの離脱を補って余りあるものがあった。豊富な資源と世界第一位の工業力による軍需・国民生活物資の供給、そして練度こそ不十分ではあるが二〇〇万にのぼる大軍が、消耗戦、総力戦の決め手となったのである。

ドイツでは、海軍内の暴動に端を発した革命が全土に拡がり、鎮圧に出動した二個師団が革命に合流するという事態となった。連合軍のたえまない攻勢と国内の革命による圧迫に抗しきれなくなったドイツはついに一一月一一日、休戦協定に調印したのである。

「軍事」が「政治」を押しのけた

第一次世界大戦は、戦闘の激烈化と長期化によって大消耗戦となり、膨大な兵員の犠牲を出すにいたった。連合国側の死傷者数は約一六四九万人で動員数の四五％、同盟国側は約一〇四七万人で動員数の四二％と、想像を絶する犠牲者数となった。

このような惨憺《さんたん》たる状況となった原因には、工業化時代に入って欧米主要国が武器弾薬の大量生産をおこない、徴兵制による大量の動員とあいまって、巨大な常備軍と予備軍や艦隊を建設し、兵員と武器弾薬を間断なく補給できるようになっていたことがあった。

しかし、五年間にもわたって消耗戦を戦うことになった最大の要因は、戦争目的の肥大化とそれにともなう軍事目標の絶対戦争化であった。参戦国はそれぞれ領土、勢力圏、市場の拡大などの野心、同盟協商の義務、外交での密約などの複雑な要因の組み合わせにより参戦を決定していたため、戦争が開始されると戦争目的は拡大していった。

肥大化した戦争目的、すなわち政治の要求を達成するための軍事行動の目標は、敵の抵抗力を完全に無力化するため、その戦闘力を撃滅すること以外に選択肢はなくなっていた。しかも、各国の政治指導者は程度の差こそあれ、開戦前後には戦争の具体的目標、手段、範囲、要綱などの戦略的決定をくだす責任を自発的に放棄し、軍指導者に預けてしまった。政・軍の責任者がともに、敵戦闘力の撃滅という決定的勝利の獲得に専念することになったのである。

つまり、軍事行動の目標が政治目的に取って代わり、「軍事」が主役に躍り出て「政治」は脇役に回った。そして、戦争における勝敗の帰趨が見えて、講和への気運が出てくるまで、「政治」がふたたび主役になることはなかったのである。

クラウゼヴィッツは、現実の戦争では力の浪費を抑制するものは「政治」の原則のなかにあると述べた。だが、この大戦では一九一六年末に生じた和平交渉の気運を「政治」が拒否してしまった。一二月一二日、ドイツ宰相は交戦約二年半を経過して各国が作戦上だけでなく内政、外交全般にわたって行き詰まってきた機をとらえ、現状の軍事情勢を基礎に無併合、無賠償を主とする和平の提案をした。また、ウィルソン米大統領も各国に和平交渉を提案したが、連合国側はこれらの提案を拒絶し、ドイツが屈服するまで戦争を継続する旨を回答したのだ。

和平を提案したドイツも決して寛容な講和条件を提示したわけではなく、結果的には敵軍隊の撃滅による最終的勝利をめざした。ロイド・ジョージやクレマンソーら連合国側指導者も、穏健な講和条約を考えるよりも、全精力を敵の撃滅による決定的勝利を獲得することに集中させたのである。

しかし、陸軍の戦いは運動戦によって敵を撃滅することが困難になっていた。攻撃における最終兵器が、歩兵の突撃という脆弱なものだったからだ。いくらこれを繰り返しても、防御側の塹壕《ざんごう》で待ち構える小銃や機関銃と、威力が増大した火砲の餌食になるだけであった。こうして戦いは陣地戦となり、国力が尽きるまで戦う消耗戦となったのである。

結局は、連合国側が通商破壊戦を乗りこえて戦力の増強をつづける一方、ドイツの封鎖を完遂して資源を枯渇させたこととの相乗効果が、時間はかかったもののドイツの息の根を止め、大消耗戦を制したのである。

ところで戦争四年目に入った一七年、連合国側に、戦争における政治と軍事の関係において、非常に興味深い事象が見られた。

連合軍が一七年の春季攻勢に失敗したとき、フランス軍は一二万の死傷者を出し、その影響はフランス全土におよんだ。フランスの政治家は統帥部の責任を追及し、軍においては高級指揮官に対する信頼が失われ、フランス軍統帥部は米軍到着まで攻勢の中止を主張した。当時の連合国側はロシアの三月革命、ドイツ無制限潜水艇戦の成果、イタリア軍の戦意低下などがあいつぎ、フランス軍も西方戦場で崩壊の危機に直面していた。

だが、ロイド・ジョージ英首相とヘーグ・フランス遠征軍司令官は、フランス軍が士気を回復し米軍が到着するまで英国軍だけで攻勢を継続する、との決意をみせた。この危機に至ってロイド・ジョージは軍統帥部を信頼し、連合国側の危機をドイツに察知されないよう、全力を尽くしたのである。フランスでも総司令官をペタン、参謀総長をフォッシュに交代し、一一月にクレマンソーが首相に就任すると、政府と軍の関係が一新された。

ロイド・ジョージ、クレマンソーが軍を信頼していささかの動揺もあらわさず、政治家として最高戦争指導者として軍を支援し、一致協力して難局打開にあたった態度は、政軍関係のあるべき姿を示していた。そのため、ドイツ軍はついに連合軍の窮状を察知できず、一七年を防勢に終始して絶好の勝機を逃してしまったのだ。

クレマンソー登場以前のフランス軍は精神的動揺がはなはだしく、その統帥は危機に瀕していた。政治は統帥に干渉し、軍の責任を追及するばかりであった。こうした政治指導者ほど、戦時のシビリアンコントロールにもっとも重要な、軍事行動の具体的目標、要綱などの政戦略的決定をおこなわない傾向があることを銘記すべきであろう。

3 近代軍の登場とリデルハートの戦略論

第一次世界大戦に対する疑念

二〇世紀を代表する戦略家といわれるリデルハート（一八九五〜一九七〇）は、第一次世界大戦ではヨークシャー軽歩兵連隊の中尉として、西部戦線における悲惨な塹壕戦を体験した。そこで彼は、味方の甚大な犠牲のうえに獲得した戦争の勝利に、いかなる意義があるのかという疑念をいだいた。この問題意識が、彼の戦争観や戦略論をつくりあげるうえでの基礎となった。

大戦に対するリデルハートの最大の疑問は、「連合国側は勝利らしきものを得たのであるが、同時に、連合国側は精神的・物質的に消耗しており、自国の立場を確固としたものにできないほどの高価な代償を払った」との指摘に集約される。国家が疲弊し、その地位を低下させるような勝利に、何の意義があるのかというのである。

このような矛盾の原因としてリデルハートは、クラウゼヴィッツの理論の有効性、もしくは彼の弟子の解釈や適用の誤りに目を向ける。なかでも「軍事目的」を敵の抵抗力の破壊におくことに偏し、数的優勢の決定的重要性を強調しすぎたことが、膨大な犠牲と資源の浪費をまねいたと批判した。そして、戦争が政治の継続であるならば、戦争は必然的に戦後の利益を見通して遂行されるべきであり、勝利国も疲弊したのではその政治が破綻していると指摘するのだ。

たしかに、勝者側ではその中核となった英国とフランスの国力の低下は著しく、債権国から債務国に転落しているし、ロシアは革命によって戦争半ばで脱落し、戦争による消耗と革命による混乱で内戦状態を呈した。漁夫の利を占めたのは米国と日本であった。なかでも米国は、大戦終了時点で一〇〇万の軍隊が半年間戦えるだけの武器弾薬を備蓄し、世界第一位の債権国となり、英国を凌ぐグローバル・パワーに成長したのである。

しかも、大戦の終結は世界平和をもたらしたというより、次の大戦の誘因となった。

一九一九年一月、英、仏、米の首脳が主催して講和会議が開かれ、六月にベルサイユ条約が調印された。この会議では、戦勝国側の要求、とくにフランスの国家主義がつよく会議を支配し、ウィルソンの一四ヵ条を基調とする公正寛大な精神が追いやられたため、ドイツにとってきわめて過酷な条約となった。ドイツは会議への参加も認められず、決定された条約を無条件に承認するだけであった。

ドイツに一方的に過酷な講和条約は、欧州に不安定をもたらす重大な要因となった。民族自決主義も被支配民族の要求を十分に満たしえず、設立された国際連盟も機能を十分に発揮できないまま、禍根を二〇年先に送って、さらに大規模な世界大戦を誘発することになったのである。

工業化時代と機甲戦理論

第一次世界大戦は欧米主要国が工業国に発展した、工業化時代の初期に起こった戦争であった。大量生産された武器弾薬によって長期間の大消耗戦が戦われることになったが、一方では航空機と戦車という新兵器が登場したことによって、新しい戦い方を可能にする工業化時代の近代軍が建設されつつあった。

航空機の出現による空軍の発展は、敵軍を戦場で撃滅する以前に、敵国の政治・経済中枢を打撃できる可能性を高めることになった。また、戦場においても敵部隊を直接撃破するのではなく、空軍がそれを飛び越えて後方の司令部や通信施設の指揮中枢を叩くという間接的方法によって、敵軍を麻痺させて無力化できる可能性が出てきた。

同時に、石油モーターとキャタピラを結合し、装甲に守られた戦車が開発された。銃弾から防護された高度の機動性を備えた新しい攻撃兵器の出現は、これを中心とした陸上装甲部隊を建設することにより、敵部隊という障害物を迂回する地上での間接アプローチによって、航空機と同様の後方への打撃を可能にするかもしれない。敵防御部隊を直接攻撃するのではなく、戦車の優れた路外機動力によって敵後方の指揮通信組織を攪乱し、補給線を遮断し、さらには敵後方への縦深突破による真の神経ショックを与えるのである。

空軍や装甲化された陸軍という近代軍の新たな発展は、敵国の政治経済中枢や戦場後方の軍の指揮中枢などの目標への攻撃能力を強大にし、その効果を増大させることになる。また、軍事目的に対する行動の到達距離を延伸させることになる。陸軍に代表される抵抗力を激烈な戦闘で撃滅するかわりに、国家や軍の中枢を麻痺させることで抵抗力を無力化できるようになるのである。

　戦車と航空機による近代軍の使用に着目したのが、一人はリデルハートであり、もう一人はやはり英国人で、英国戦車隊の参謀長をつとめたフラーであった。第一次大戦中の一九一七年、カンブレーの戦闘で、英国軍がフラーの計画によって戦車を集団的に使用して、ドイツ軍陣地の強襲突破に成功したことが注目されていた。

　そして翌年には、フラーが機甲戦の計画を提出し、連合軍総司令官フォッシュ元帥が一九年の基礎計画として採用していた。フラーの計画は戦争終結によって実現しなかったが、約五〇〇〇両の戦車群をドイツ軍陣地内深くまで突進させて、その司令部や通信施設などを襲撃、蹂躙し、指揮中枢を麻痺させるというものであった。

　リデルハートは悲惨な塹壕戦から兵士を解放する新兵器として戦車と航空機の集中使用に注目していたが、軍事記者をしていた二五年にフラーと親交をむすび、そのアイデアをうけて機甲戦理論の構想を作りあげたものと思われる。彼は二七年に出版したその著書『近代軍の再建』のなかで、戦車を中心とした機甲部隊の建設と用法を提示した。

　そこでリデルハートは、戦争における攻勢の理念は正しいが、その方法が誤っていたと指摘する。かつて決定的打撃力を有していた騎兵の突撃が、機関銃の餌食となって効果を発揮できなくなった。この行き詰まりは戦車の出現によって打開されたが、軍指導者は戦車を歩兵の支援に使用するという過ちを犯した。戦車は大量に集中し、交戦中の敵の翼側（展開した部隊の端と側面）から後方連絡線に向かって機動するように運用すべきであり、歩兵部隊に従属するのではなく、戦車群を主力として歩兵部隊を随伴させなければならないというのである。

リデルハートの機甲戦理論は、戦車部隊を主力に自動車化された歩兵部隊と砲兵部隊が随伴して協同し、かつ急降下爆撃機による支援（近接航空支援）のもとに、敵陣地縦深に迅速に突進するというところに特色があった。すなわち、戦車・歩兵・砲兵を一体として運用する諸兵種統合部隊（コンバインドアーム）構想の走りである。そして、機甲部隊の行動と近接航空支援を組み合わせる戦法は、第二次世界大戦においてドイツの電撃戦で実践され、さらに中東戦争におけるイスラエル軍の戦闘ドクトリン、米陸軍の空地協同戦闘（エア・ランド・バトル）ドクトリンへと発展していくことになる。

皮肉なことに、リデルハートやフラーの機甲戦理論を第二次世界大戦で開花させたのは英陸軍ではなく、次の大規模な戦争を意識せざるをえなかったドイツ軍のゼークト、グデーリアン将軍やソ連軍のトハチェフスキー、チモシェンコ将軍たちだったのだ。

英国流の戦争方法

リデルハートは戦争目的を、つとめて短期間に犠牲と代価のもっとも少ない形で終わらせて、平和をすみやかに回復することであると考えた。したがって、戦場で敵野戦軍を完全に殲滅することは必ずしも不可避の目標ではなく、敵の意志を屈服させるという目的を達成する手段はほかに各種の方策があり、そのなかのもっとも適切で、かつもっとも経済的なものを随意に選択すればよいということになる。

この思想の根本には、すでに世界中に植民地を築きあげた大英帝国を守ればよいとする現状維持の考えがある。彼の主唱する英国流の戦争法は、後述する「間接アプローチ」の思想を国家戦略レベルに適用したものであり、一九三二年に発刊した『英国流の戦争方法』に明らかにされている。その主旨は次の三点に要約される。

①英国は欧州大陸内の軍事義務に有限責任であるべきで、保有する強大な海軍力と属領がもつ資源とをもって戦争に貢献し、海上封鎖と経済戦の伝統的戦略に立ち帰ること。

②大陸の陸戦については、厳に防勢戦略をとること。

③フランスはマジノ線で敵の進撃を阻止するであろうから、英国派遣部隊は最小限にとどめ、高度の機動性をもつ戦略予備として後方に控置すること。

つまり彼の主張する戦争方法は、敵国との流血の決戦はフランスに押しつけて、英国は海軍力による封鎖と通商破壊により敵国に経済的圧力をくわえ、その戦意を崩壊させるというものだったのである。この独善的な主張は、フランスは当然のこと、自国の英国からも激しい非難を浴びることになった。

英国の伝統的な国家戦略は、欧州大陸の勢力均衡を維持し、低地諸国（オランダ、ベルギー）の安全をも確保するというものであった。欧州大陸の軍事上第二位の国と同盟して第一位の陸軍強国に対抗し、世界最強の艦隊を保有することで大英帝国の安全をはかろうというのだ。

問題は、効果が出るまでに時間がかかる封鎖や通商破壊などの経済的圧力と、英国からの一部の陸軍兵力の増援だけで、同盟国が大陸一位の陸軍強国の攻撃に耐えられるかにあった。ナポレオンや、やがて出現するヒトラーのような既存の国際秩序の変革を求める強大な敵に対しては、放っておけば同盟国が敗れてしまうので、結局は強大な陸軍を派遣しなければならなくなるという難点があった。

こうした英国の大戦略を、根幹からくつがえしたのが航空機の発達である。もはや英国は安全保障上、島国ではなくなった。事実上、大陸に結合されたのだ。海軍だけではなく有力な空軍も保有しなければならなくなったし、フランス、ベルギー、オランダなどに敵国の航空基地を出現させるわけにもいかなくなったのだ。そのことは、次にくる第二次世界大戦が実証する。

だが、第一次世界大戦で疲弊した英国内では、大陸への限定的関与政策が国民にも政策担当者にも自然に受け入れられ、三七年から三八年のチェンバレンの宥和政策の理論的支柱になった。英国は第二次世界大戦勃発直前になってようやく、フランスがドイツに占領されれば英国の安全は確保できないから、フランス本土の防衛が英国の防衛でもあるという認識にかえって陸軍の大規模な派遣にもとりかかるが、遅すぎたのである。

間接アプローチ戦略

英国は第一次世界大戦で、一〇〇万の生命と一日約五〇〇〇万ポンドの戦費を費やして勝利をえたものの、その結果として見えたものは戦前よりも疲弊した英国の姿であった。戦闘で決定的勝利をえても、その結果、疲弊してしまっては何の役にも立たない。こうした思いがリデルハートに、「戦争で同じ目的を達成するために必要とされる人的犠牲、物的損害を極小化するにはどうすべきか」という問題意識をもたせたのである。

リデルハートは一九二九年に『歴史上の決定的戦争』を発刊し、このなかで初めて「間接アプローチ戦略」の概念を明確に体系的に発表した。そして、数回にわたる加筆修正をくわえて六七年に『戦略論』を発表し、その後も研究成果を加筆している。

間接アプローチ戦略とは、敵の軍事力の直接的な撃滅を目的とするのではなく、敵のバランスを心理的に崩し、敵を麻痺させることにより間接的に抗戦意志を挫《くじ》くことを目的とするものである。つまり、敵の指揮所・通信施設、交通・補給線を目標とすることによって、最小限の犠牲で最大限の効果をあげようとするものなのだ。

このために、敵が先見、先制する可能性のもっとも少ないコース（最小予期線）を選択し、抵抗のもっとも少ない線（最小抵抗線）を活用し、敵を攪乱することを強調している。つまり、作戦行動は敵の正面ではなく、その側背を攻撃することになる。

間接アプローチ戦略を劇的に成功させたのが、第二次世界大戦初期のドイツ軍による電撃作戦である。ドイツ機甲部隊は、通過困難と考えられていたフランスとベルギー国境付近のアルデンヌの森林地帯を突破し、英軍をドーバー海峡に追い落とす。そして、近くはイラク戦争において、米軍がイラク軍を四二日間で無力化したハイテク戦争によって完成されるのである。

第五講　第二次世界大戦と絶対戦争

西方攻勢要図

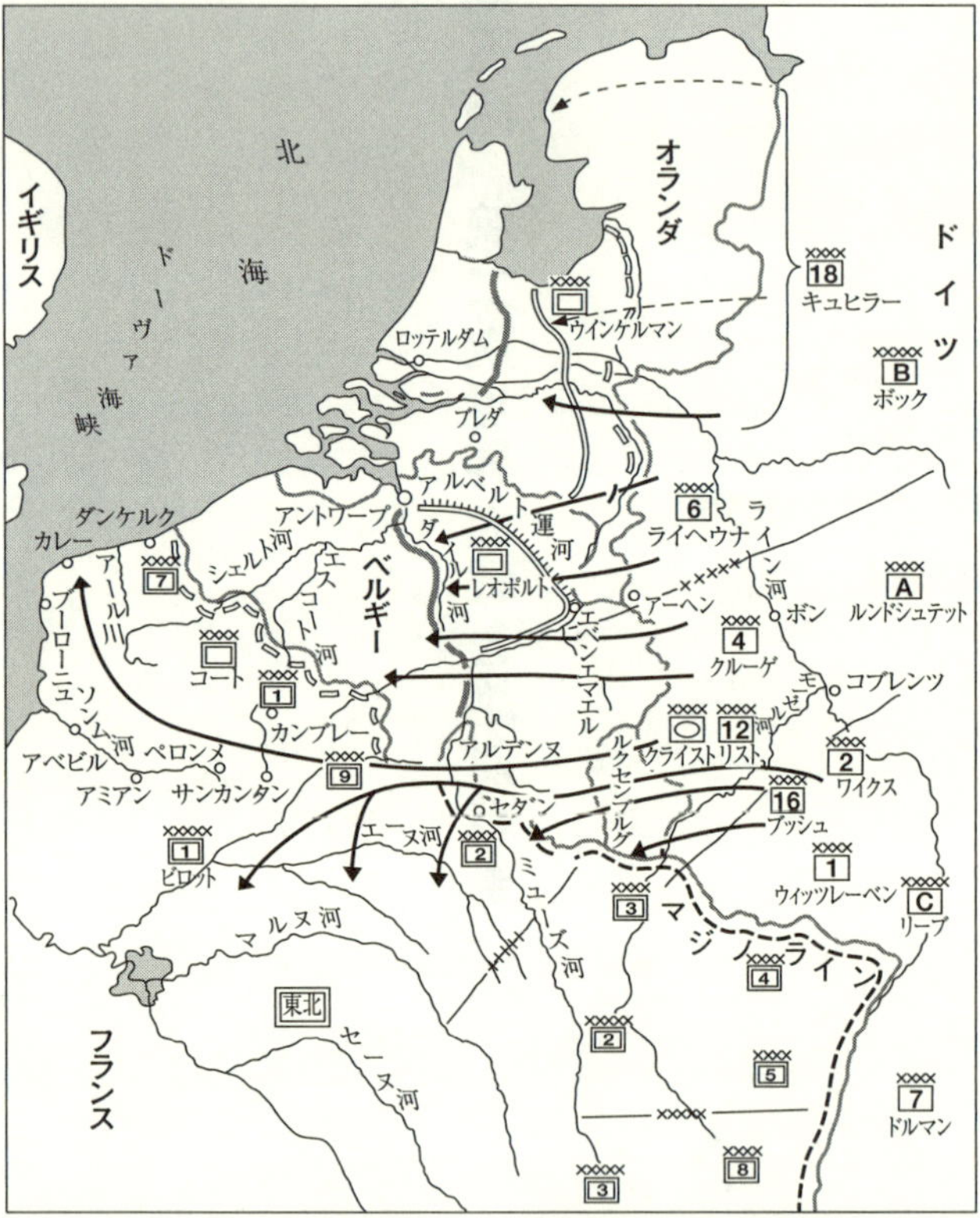

□ はドイツ軍　▣ は連合軍　xxxx は軍集団　xxxxx は方面軍　◎ は機甲軍

（佐藤徳太郎『近代西欧戦史』より）

1　ヒトラーの戦争

ヒトラーの偏狭的野望

ヒトラーが『わが闘争』を出版したのは、彼が政権を獲得する八年ほど前の一九二五年のことである。その時はほとんど関心を呼ばなかったが、そこに書かれていることは、政権獲得後の彼の政策を暗示するものであった。

ヒトラーの世界観の根底には人種論があった。優秀なドイツ民族の純血を維持するとともに、劣った諸民族と闘争し、とくにユダヤ人は諸悪の根源であるから根絶しなければならないという。彼の政治活動は、この人種論的世界観から導き出されていた。

対外政策では、遠大な征服計画が描き出された。ドイツ民族が生存するためにはその能力にみあった十分な大きさの土地、すなわち広域生存圏が必要であるから、ソ連を打倒して東欧に大ドイツ帝国を建設する。しかるのち、アフリカに植民地を獲得し、大西洋にドイツ艦隊を展開させて世界強国になるという青写真であった。

ヒトラーが描く将来の世界は、ドイツ、英国、米国、日本の四大強国によって動かされるというものであり、英国とソ連が入れ替わっているものの、明らかにハウスホーファーの「パン・リージョン」の影響が見てとれる。

三三年、政権を掌握したヒトラーは、この青写真にもとづいて行動を開始した。それは、英米仏が主導する国際秩序であるベルサイユ体制への真っ向からの挑戦であった。

生存圏の獲得は力の行使しかないと考えるヒトラーは、まず再軍備にとりかかった。三五年三月にベルサイユ条約の軍備事項を一方的に破棄し、徴兵制の実施、三六個師団・五五万の常備軍と空軍の保有を宣言したのである。当面の目標はオーストリアを併合し、さらに歩を東方へと拡大することであった。

英仏の宥和政策——平和への幻想

英仏はヒトラーが秘密裏に再軍備を進めていることを知りながら、干渉すれば何をされるかわからないヒトラーの気勢に押され、黙視した。一九三六年三月、ヒトラーは非武装地域とされていたラインラントに軍を進駐させ、対仏国境にジークフリート線を構築した。

その後、二年間は国力と軍備を整えたあと、三八年三月にオーストリアを併合し、さらにチェコスロバキア（以下、チェコ）の分割併合を要求して、九月二九日に英仏伊三国首相とミュンヘン会談をおこない、チェコの分割併合を強諾させた。

ヒトラーの野望は止まることなく、翌三九年三月にはチェコ全土を占領してドイツの保護領に編入した。英首相チェンバレンの宥和政策はヒトラーの野心の実現を容易にしただけで、リデルハートのいう「英国流の戦争方法」が国際秩序の破壊者には無力であることを証明した。ここにいたって、チェンバレンはドイツと戦うことに方向を転換する。

チェンバレンが宥和政策をとった理由には、欧州が協調して米国やソ連の介入を排除するという思想的側面もあったが、力のともなわない外交は効力がないことを熟知しており、ドイツと戦う軍備が整っていなかったこと、国民が平和を享受していて、ドイツとの戦争に同調する気運がなかったことがある。国民世論を対独戦に向けるためには、ぎりぎりの線まで譲歩して、もはや対決以外に選択肢はないことを示す必要があったのだ。

当時、フランスは国内問題に追われてドイツを抑える気力がなかった。ソ連はミュンヘン会談から除外されたのを英仏の背信として英仏側から離反していた。また米国は日本の中国侵攻に気をとられて欧州への関心を弱めていた。ヒトラーの野望を抑制できなかったのはこれらの要因が重なったためではある。が、なによりも英国がフランスと足並みをそろえて強硬な姿勢を示し、米ソの協力をえて圧力をくわえていたら、戦争の芽を早く摘みとれた可能性が大きかったのである。当面の危難を避けるために宥和をつづけた結果が、より大規模な世界大戦だった。

宥和策が効くような相手でないことは、ヒトラーの『わが闘争』を見れば明らかであった。二〇〇五年の現在、北朝鮮の金正日《キムジョンイル》に対する日米韓中ロ五ヵ国の政策が、英仏のヒトラーに対する宥和策と重なって見えてしかたがないのである。

リターンマッチ化した戦争

ドイツの戦争目的は、ベルサイユ条約の屈辱に対する憎悪と復讐に基因した、大ドイツ帝国建設と、広域生存圏獲得のための世界の分割支配であった。これに対する英仏の戦争目的は、ドイツの侵略を破砕して欧州全土と海域における既成の政治的、経済的秩序を回復することであった。

当時、ドイツは欧州最大の工業国であったが、その原料とくに鉱物資源の大半は輸入に依存し、食糧も自給自足できなかったので、確固とした輸入源の確保は死活的に重要であった。そこにヒトラーがうたう「広域生存圏の獲得」が多くのドイツ国民に強く支持される基盤があり、戦争を激化させる要因となっていた。

ヒトラーは東方への侵略に対する英仏の介入を阻止するため、イタリア、日本との軍事同盟を考えた。ポーランド侵攻時点では日本が応じなかったため、ドイツは一九三九年五月にイタリアと英仏ソを対象とする軍事同盟を締結した。そしてフランス攻略後の四〇年九月、米国の参戦を阻止するため日本を引き入れて三国同盟を完成させる。これに対して、米国が英仏側に参戦し、ドイツがソ連を攻撃するにおよび、戦争は第一次世界大戦のリターンマッチと化した。前回と異なるのは、日本が本格的に参戦したことにより、真の世界戦争となったことであった。

このような第二次世界大戦は、英仏など連合国と独・伊・日の枢軸国の存亡をかけた戦争であり、戦争目的を達成する軍事行動は、それぞれの抵抗力である軍隊を撃滅するだけでなく、発達した航空機を用いて、戦力の造成源としての経済、社会基盤までを破壊することが目標となった。規模・破壊度において、クラウゼヴィッツのいう絶対戦争以上の戦争が出現することになったのである。

電撃戦の勝利

東方進出をめざすヒトラーには西方の英仏両国と戦う気はなかった。彼はポーランドを電光石火のうちに屈服させて英仏の介入を思いとどまらせようと考えていたが、ドイツ軍が一九三九年九月にポーランドを攻撃すると、英仏両国はドイツに宣戦を布告した。

このとき、ドイツはフランスとの国境ジークフリート線に二十数個師団を配備しているだけであり、フランス軍が配置していた一一〇個師団が攻撃すれば、ドイツ軍は重大な危機に直面したはずだった。英仏がこの機会を座視したのには、ドイツ国内の抵抗運動によりヒトラーは失脚するとの淡い期待があったことと、フランスが、マジノ線の防御を固めていれば自国は安全だという防勢思想に徹していたことがあった。ここにも、既成秩序を破壊しようとする「無法者国家」に対して、当面の危機だけを回避しようとする宥和政策や消極姿勢は、結果的に大戦争を招いてしまうという歴史の教訓がある。

危機を免れたドイツ軍は三五日間でポーランドを攻略したあと、四〇年四月にノルウェーに侵攻して約二ヵ月で降し、並行して五月からフランス、ベルギー、オランダに進撃を開始し、六月下旬にフランスを降伏させて初期の全作戦を成功裡に終了した。

ついで、ヒトラーは英本土攻略を企図して、八月上旬から制空権獲得のための航空撃滅戦を開始したが、英国の懸命な防戦により失敗して、一一月上旬にその企図を放棄した。航空機の出現により、制海権を獲得するためにはまず制空権の確保が必要であった点こそナポレオンの時代とは異なるものの、ヒトラーもナポレオンと同様、海の障壁のまえに英国攻略に挫折したのだ。

英国攻略を断念したヒトラーは、方向を大転換してソ連への侵攻を企図する。作戦準備にとりかかる間を利用して、四一年四月から一部の兵力でバルカンに侵攻し、四月末までにユーゴスラビア、ギリシャを席巻し、さらに六月に英領クレタ島を占領した。

この間のドイツ軍は、リデルハートのいう「間接アプローチ戦略」を適用し、奇襲と機動を活用した「電撃戦」と称される攻勢作戦をおこなった。一ヵ月強の短期間でポーランドを崩壊させた原動力は、九個の機甲師団と航空攻撃を組み合わせた電撃戦であった。ノルウェーの攻略も、その地形的分離の特性に対応して、航空機による部隊の空輸と空挺部隊の攻撃、航空攻撃を併用した電撃戦の勝利にほかならなかった。

アルデンヌの森を衝く

初期会戦のなかでも特筆すべきは、主決戦である西欧会戦であった。フランス軍、英軍、ベルギー軍、オランダ軍からなる一三四個師団・約二〇〇万の連合軍は、マジノ線とベルギー、オランダに構築した陣地線による防勢作戦を採っていた。

これに対して、一二二個師団・約二〇〇万のドイツ軍は攻勢作戦を採用した。一部の兵力でオランダとベルギーに突進して連合軍をこの低地国に誘い出し、主力をもってアルデンヌの森を急襲突破してソンム川沿いに英仏海峡に突進して連合軍を南北に分断し、ソンム川以北の連合軍を包囲殲滅する。その後、反転して南方に向かい、パリの両側地区を突破するとともに、有力な一部の兵力でマジノ線を背後から攻撃占領する計画であった。

アルデンヌの森はベルギー東南の森林に蔽《おお》われた丘陵地帯であり、連合軍は大部隊の行動は困難と判断していた。このため、この地域沿いの陣地は薄弱で配備も薄かった。ドイツ軍は連合軍陣地線の中央部に位置する、最小予期線であり最小抵抗線であるアルデンヌの森正面の突破に、間接アプローチのねらいをつけたのだ。

一九四〇年五月、ドイツ軍がオランダ、ベルギー正面に攻撃を開始すると、英仏軍はドイツの仕掛けた罠にまんまとはまった。ドイツ軍主力のルントシュテット元帥指揮下のA軍集団は、ラインハルト機甲軍団とグデーリアン機甲軍団を先頭にアルデンヌの森を突破した。そして連合軍をソンム川以北と以南に分断すると、まず以北の連合軍をダンケルクに追いつめて撃破、次に南下してフランス軍を撃破し、フランスを降伏させたのである。

まさに、間接アプローチ戦略の模範的な実践であった。

ナポレオンの二の舞い

ソ連の独裁者スターリンにとって、英仏とドイツが争って互いに消耗することは願ってもない情勢であった。だが、フランスがわずか六週間で降伏すると、ドイツの矛先がソ連に向けられることをおそれた。そこでスターリンは、ドイツの攻撃に備えて周辺国を併合し、モスクワやレニングラードへの縦深を深くするため、ルーマニアからベッサラビアと北ブコビナを割取し、バルト三国などを併合した。

スターリンは一九四〇年秋以降になると、ドイツの敗北を見越すようになる。その後の東欧、北欧、バルカンへの拡張政策は、ドイツ敗北後の米英と対峙する際の地歩と縦深の確保でもあった。

一方、ヒトラーの征服計画の最重要目標はソ連の打倒であり、極言すれば英仏との戦いはその戦略的条件を整えるためのものであった。だが、フランスを降したにもかかわらず英国は抗戦を続けている。それはソ連の政策変更、連合軍への参加を期待しているためであるから、早急にソ連を打倒しなければならないという考えにいたった。海の障壁に阻まれた英国を屈服させることができないため、大陸の最終抵抗者ソ連を打倒するという構図は、一世紀前のナポレオンと本質的に同じであった。

四一年六月、総兵力一六二個師団のドイツ軍は、ソ連の国境を越えて攻撃を開始した。当初、第一八軍参謀長マルクス少将が作成した計画は、主力を一路モスクワに向かって進撃させてソ連軍を撃滅し、モスクワを奪取してから南に転じ、南部軍集団と協力してウクライナを占領するというものであった。ところが、ヒトラーはソ連軍を国境付近で容易に撃滅できると考え、重要軍需資源の獲得に重点をおいた計画に修正させた。北方軍集団にレニングラードとクロンスタット軍港、中央軍集団にモスクワ、南方軍集団にウクライナ地方とコーカサス油田を占領させ、しかも、主力である中央軍集団に北方軍集団の目標占領を支援させたあと、モスクワへ進撃させるという制約をくわえたのだ。

この計画は軍事戦略として拙劣であった。ソ連軍が得意の後退作戦をとった場合、三個の軍集団が三方向に拡散していくうえ、主攻軍集団が北方の支作戦に拘束されるのだ。

攻撃を開始したドイツ軍は快進撃をつづけたが、七月に入るとソ連軍は後退と焦土作戦、それにパルチザン戦すなわちゲリラ戦を組み合わせて抵抗した。そして一〇月以降になると、天候の悪化によりドイツ軍の行動は大きく制約された。それでも一一月中旬には、モスクワまで三〇〜五〇キロの地点まで迫ったが、ここで零下三〇度という冬将軍に遭遇したのである。冬季戦の準備のなかったドイツ軍は、凍傷による脱落者を続出させた。この機をとらえてソ連軍は、一二月初めにモスクワ周辺で冬季攻勢を開始した。

ドイツ軍は北方でもレニングラードを包囲したものの攻撃が停滞し、南方もまた同様だった。ヒトラーは一二月、東部の全線にわたって防勢への転移を命じた。そして四二年末、スターリングラードの攻防戦に敗れて、完全に攻守ところを変えることになった。ここでもヒトラーは、ロシアの広大なステップと冬将軍にはばまれるという、ナポレオンの二の舞いを演じることになったのである。

ルーズベルトの失敗

一九四二年一月、米英ソ三大国をはじめとする連合国二六ヵ国の代表がワシントンに集まり、前年八月に米英首脳によって声明された大西洋憲章の諸原則を実現するための共同宣言に署名した。すなわち領土不拡大、軍備の縮小、平和機構の再建などの原則である。そして各国は、全力をあげて枢軸国と戦い抜くことを誓いあった。ここで重要な点は、米英ソ三大国が枢軸国打倒のために協力する「大同盟」が成立したことであった。

だがその背後には、米英とソ連の間の根深い相互不信が隠されていた。それが表面化したのが「第二戦線」の問題であった。スターリンはドイツとの戦いにおけるソ連軍の負担を軽減するために、一刻も早くフランス北部に第二戦線を構築することを求めた。

米英が第二戦線を構築することは、大規模な上陸作戦をおこなうことであり、十分な準備期間を必要とした。実行が可能になるのは早くても四三年であり、ソ連の希望する四二年中の構築は無理だった。だが、これに対してスターリンは、米英はソ連の力を消耗させせるため、故意に第二戦線の構築を遅らせていると不信を抱いたのだ。

四三年一一月、米英ソ三首脳によるテヘラン会談で北フランスへの上陸作戦が討議されたとき、チャーチルは東地中海方面に第二戦線を構築することを主張した。チャーチルの目は、すでにドイツ敗北後のソ連に向けられていた。米英の兵力をバルカンに展開して東欧に進出すれば、戦後もこの地域におけるソ連の影響力を排除できると考えたのだ。

当然、スターリンは猛反対した。ところがこのとき、ルーズベルトがスターリンに同調してしまった。ルーズベルトは、戦後のソ連との協調関係を無邪気に信じていたので、これを損なうような摩擦は回避すべきと考えたのだ。そして、四四年五月中に北フランス上陸作戦を実施する約束をあたえた。スターリンは、東欧からバルカンに容易に勢力を拡大できる成果を勝ちとった。

戦争は政治の継続であるから、戦争目的は戦後の政治的利益を確保できるものでなければならない。米英がベルリンに西から迫り、ソ連が東から迫ったのでは、ベルリン以東の欧州はソ連の勢力圏になってしまうのは自明の理である。それではナチス・ドイツが共産ソ連に代わるだけであり、むしろ戦後はより大きな共産主義の脅威に晒されることになるのだ。大戦後の現実はチャーチルの予測通りとなり、ルーズベルトの判断の甘さが証明されてしまった。

ノルマンディー上陸

英国軍がドーバー海峡に追い落とされてから四年後の一九四四年六月六日、アイゼンハワー米大将の指揮する連合軍による史上最大の作戦が、北フランスのノルマンディー海岸に開始された。「オーバーロード」と呼称されたこの作戦は、工業化時代の上陸作戦のエポックであった。

航空撃滅戦によって制空権を獲得したあと、航空攻撃と艦砲射撃により徹底して上陸地域付近のドイツ軍を叩きあげる。そのあと、七個師団が強襲上陸し、直前に降下した米英の三個空挺師団と連携して橋頭堡を確保し、後続部隊の増援をえて橋頭堡を拡張し、さらに多くの港湾と飛行場を獲得して上陸根拠地を完成させるというものであった。

迎え撃つルントシュテット元帥指揮下の独西方戦域軍は、上陸時機と場所において虚をつかれた。悪天候のために二週間は上陸できないと予想したうえ、上陸場所は英本土から最短距離のカレー付近と判断していたのだ。

さらに、ヒトラーとの関係で一つの問題に直面した。

連合軍の上陸を撃破するポイントは、上陸部隊が橋頭堡を完成する前に反撃して追い落とすことであり、そのためには、パリ付近に配置されていた四個の機甲師団が必要であった。だが、機甲師団の投入はヒトラーの許可を必要とする事項である。結局、それが認められたのは六日の午後になってからであり、七日にノルマンディーに到着したときはすでに連合軍の橋頭堡が強化されていた。山荘で睡眠中のヒトラーを起こすことが許可されなかったため、戦勢を支配する貴重な時間が浪費されたのであった。

第二戦線の出現をゆるしたドイツ軍は悪夢の二正面に直面した。問題は、一方面の戦闘における予備部隊の使用を、最高指導者が統制することにあった。予備隊の投入時期は、戦場での瞬時のタイミングをとらえて司令官が判断しなければ効用を失う。クラウゼヴィッツのいう、「政治」が干渉してはならない軍事プロパーマターなのだ。

橋頭堡の完成によって西部戦線の帰趨は決まった。制空権を掌握した連合軍が、優勢な戦力と間断ない補給によりドイツ軍を圧倒するからだ。あとは、戦後を睨んで先にベルリンを占領するソ連軍との競争であった。

西側連合軍は、九月中旬にフランスを解放してジークフリート線に接触し、一二月中旬まで悪天候、地形、ドイツ軍の反撃によりいったん進撃がとまったが、ドイツ軍のアルデンヌの大反撃を撃破して進撃を再開し、四五年三月下旬にライン川を渡河、四月下旬にベルリン西方約一〇〇キロのエルベ川でソ連軍と手を握り、五月七日にドイツは降伏した。

だが、東欧とベルリンをふくむドイツの東部はソ連軍が占領するところとなった。西側連合軍とソ連がそれぞれ占領した地域が、基本的には、このあと出現する冷戦で対立する東西の勢力範囲となったのである。

ヤルタ会談の禍根

一九四五年二月初め、米英ソ三首脳がクリミア半島のヤルタで会談し、戦後の国際秩序を決定した。そこで見えた輪郭は米ソの二極構造であった。ドイツは米英仏ソ四ヵ国で分割占領し、東欧諸国は自由選挙にもとづいて民主的な政府を樹立する、という曖昧なものであった。この曖昧さを利用して、ソ連は東欧をその勢力下に編入することになる。スターリンの安全保障政策は、自国の国境沿いに勢力圏を張りめぐらすことにあったのだ。

だがルーズベルトの主要関心事は、スターリンから国際連合の設立と対日参戦の約束を取りつけることにあったため、戦後の欧州と極東問題で大きく譲歩した。対日参戦の代償として、南樺太・千島列島の領有、中国大陸での利権獲得をも認めたのである。

このときのルーズベルトは、健康をいちじるしく害していて、体力の衰えによって判断が甘くなっていた。国際連合設立の実現と、対日戦における米軍の損耗を少なくするためにスターリンの歓心を買おうとするあまり、スターリンの勢力拡張的意図を見抜く、鋭さや厳しさに欠けていたことは否定できない。

だが、スターリンだけがほくそ笑んだこの会談の結果は、現実の力関係を反映したものでもあった。当時、エルベ川以東の中欧・東欧は、ソ連軍が占領してしまっていたのだ。チャーチルはこうした事態になることを見抜いていたために、バルカンに第二戦線を構築することを主張したのだ。

枢軸国打倒のために手を結んだ米英とソ連だが、その帰趨が見えてくると戦後の覇権をめぐる争いがはじまる。こうした国際政治の厳しさも、「世界正義に信頼して国権の発動としての武力を保有しない国」だけは免除してくれればいいのだが——。

2　東アジア・太平洋の戦い

同床異夢の三国同盟

ドイツと英仏が戦争状態に入った当初、米国は一九三九年九月に中立を宣言した。当時、米国民の大多数は軍需物資の提供により英仏を援助することには賛成していたが、米国が参戦することには強く反対していたからだ。ルーズベルト大統領も、英仏側を物質的に援助すれば、ドイツに十分対抗できると考えていた。

このように四〇年から四一年にかけての米国は、中立国の域を超えて英仏側を支援していたので、ヒトラーとしては戦争が長引けば米国の参戦を計算しておかなければならなかった。そこで、米国の参戦を防止するため、日本をして東アジア太平洋方面で米国を牽制させることが必要になり、日本に再び日独伊三国同盟の締結をもちかけた。

一方、日本は三七年七月の盧溝橋事件を契機として日中戦争に突入したが、中国の頑強な抵抗に遭遇して、四〇年三月、中国本土から主力軍を撤退させることを決定していた。ところが、五月から開始されたドイツ軍の西方攻勢の成果に便乗して、蔣介石政権を屈服させるとともに、自給自足圏の確立をめざして南進する考えが浮上してきたのだ。

こうした情勢下の七月に誕生した第二次近衛文麿内閣は、大東亜共栄圏の建設を宣言し、その方策として独伊との提携を打ち出した。日本が指導する大東亜共栄圏の建設は、明らかに米英の主導する東アジア太平洋におけるワシントン体制への挑戦であった。九月に日独伊三国同盟が締結され、第一次世界大戦後の国際秩序を形成してきたワシントンとベルサイユの両体制に日独伊枢軸国が挑戦する図式ができあがったのである。

日本は三国同盟にソ連を利導して四国同盟を結成することにより、大東亜共栄圏の建設を独伊に承認させて国際的背後力を固め、米国の対日政策を変更させて日米戦を回避し、かつ日中戦争の処理に資することをねらった。その成否に大きなウエートを占めたのが、ソ連を四国同盟に加入させられるかどうかだったのだが、そもそもヒトラーの意図はソ連を打倒し、米国を日本に向かわせることだったのだから、所詮、同床異夢の悪しき同盟であったのだ。

米国参戦を招いた愚

モスクワを目前にしてヒトラーが攻撃停止を命令したその日、日本海軍は真珠湾の米太平洋艦隊を奇襲攻撃して壊滅させ、第二五軍がマレー半島に上陸した。日本と米英との戦争が開始されたのだ。日米戦争の原因や経緯を述べる紙幅がないので戦争論的に概括すれば、東アジア太平洋の覇権をめざす日本とこれを認めない米国との戦いであった。

当時、ルーズベルト大統領は欧州の戦争に参加することを考えていたが、国内の孤立主義的世論が優勢のため実行できないでいた。日米戦争になれば、三国同盟によりドイツも対米宣戦を布告するから、自然に欧州の対独戦に参戦することができる。

こうした事情から、日米開戦はルーズベルトが日本を挑発したのだという謀略説が出てくるが、それを立証する証拠はない。彼の思惑がいずれにあったにせよ、日本の対米開戦が米国をしてアジア太平洋だけでなく、欧州にも参戦させる結果となった。

三国同盟の条文からは、日本が米国を攻撃した場合は、ドイツが対米宣戦をおこなう義務はなかった。しかも、ヒトラーはこの時点では、対米戦に突入することを望んでいなかった。ソ連攻略に行きづまった状況においては、日本の対ソ攻撃を期待していたのだ。だが、日本が米軍を太平洋正面に吸引することは、三国同盟のねらいでもあった。日本が対米宣戦を求める以上、ヒトラーも対米戦に突入せざるをえなかった。

米国の参戦によって主要国は枢軸国と連合国の二大陣営に分かれ、第二次世界大戦はどちらかが倒れるまで戦う、第一次世界大戦を超える絶対戦争となった。ただ、日本とソ連の間だけは、一九四一年四月に締結した中立条約の存在により、ソ連がこれを破って対日参戦する四五年八月までは、唯一の中立関係となっていた。

こうしてみると、米国とソ連に対する政戦略も三国間で調整されていない日独伊三国同盟は、互いにパートナーを利用することだけを考えた不義不信の同盟であった。最初からソ連の打倒を重要目標としていたヒトラーが、ソ連をくわえた四国同盟への発展をちらつかせて日本を誘う。日本は独ソ関係が破綻しそうな時期に日ソ中立条約を締結する。しかも、米国の参戦を阻止するという同盟の共通目的に効果がないどころか、参戦を招く契機となるのである。結節時に大戦略を調整した米英ソ首脳の戦争指導に比べると、お粗末としかいいようがない。

大戦略も戦略もなく

一九四一年一二月八日の真珠湾攻撃とマレー半島上陸にはじまった日本軍の電撃的攻勢は、翌年四月までにフィリピン、マラヤ（現マレーシア）、オランダ領東インドなど南方要域をほぼ占領した。こうした華々しい成果にもかかわらず、日本は米英との戦争に勝算をもっていなかった。日本の戦争目標は長期不敗の態勢を確立して、米国の継戦意志を放棄させることであった。

このために、自給自足態勢を確立し、蔣介石政権の屈服を促進し、独伊と提携して英国を屈服させることを考えた。だが、自給自足態勢を守るための具体的な防衛線も決定されていなかったし、資源を輸送する態勢も準備されていなかった。蔣介石政権の屈服は非現実的であった。中国が屈服しないから対米英戦に発展したのであり、本末転倒のきわみであった。また、英国を屈服させるための独伊との具体的な戦略的調整は、何もおこなわれていなかった。つまり、実行可能な大戦略も戦略もなかったのだ。

しかも、日本は南方要域の占領を達成したあと、長期持久態勢に移行するか、攻勢を継続するかで混乱した。戦争目標からすれば当然前者を選択すべきであったが、軍内の思想が統一されないまま、結局、どちらともつかない玉虫色の方針が決まり、中途半端な攻勢がつづけられた。その結果、四二年六月のミッドウェー作戦で主力空母を失い、太平洋における主導権を米国に渡すことになった。

四三年になると、マッカーサー将軍指揮下の米豪連合軍がニューギニア北岸沿いに、ニミッツ提督麾下《きか》の米中部太平洋艦隊が中部太平洋を横断する方向から、フィリピンをめざして本格的反攻を開始した。日本は二月のガダルカナル島撤退を機に絶対国防圏を設定して防勢に転移したが、準備不十分な防衛線は優勢な米軍の前に次々と崩壊していった。四四年二月には絶対国防圏の要衝トラック島が空襲により大損害をうけ、七月にはサイパン島が陥落して太平洋の防壁が崩壊した。一〇月からのレイテ決戦にも敗れ、四五年三月に硫黄島が陥落、四月には米軍が沖縄に上陸し、太平洋方面の終末も見えた。

七月一七日から、米英ソ三首脳はポツダムで会談を開き、日本への無条件降伏の勧告と非軍国化という戦後処理の基本方針を決定した。そして、米国は八月六日に広島、九日に長崎に原爆を投下し、同じ九日にソ連軍が中立条約を破り、ソ満国境を越えて侵攻を開始した。これによって日本は抗戦意志をくじかれ、一四日にポツダム宣言を受諾して無条件降伏したのである。

分離していた「政治」と「軍事」

アジア太平洋正面における日本と米英など連合国との戦いは、日本がめざす大東亜共栄圏の建設という覇権と、ワシントン体制の維持をめざす米英の覇権との衝突であった。したがって、日本の「政治」が戦争という手段に求めるべき目的も当然、それであるはずだった。ところが、日本の統帥機能には戦争計画を立案する段階で、「政治」と「軍事」が戦争目的・目標とその実現可能性をともに検討する場がないという特殊性があった。

日中戦争を解決する能力を失った「軍事」が、欧州情勢に便乗してフランス領インドシナに進駐し、米英から経済封鎖されると、座して死を待つより死中に活を求めんとして、勝算のない戦争をはじめたのだ。これに対して、天皇がやむなく求めたものは、勝てない戦争であるならばどのように戦争を収めるのか、という戦争終結構想のみであった。

そこには、明確な戦争目的が見えてこない。戦争目標は「米国の継戦意志を喪失せしむるに勉《つと》む」としている。つまり、戦争目的は何なのかわからないが、勝てない米国と戦争しなければならないから、頑張って米国に戦争の継続をあきらめさせようというのだ。このように漠然とした目的・目標から、まともな戦略が生まれるわけはないのだ。

こうして開始された太平洋での戦いは島嶼の攻防であり、上陸作戦と対上陸作戦がおこなわれたが、その勝敗は制海権の帰趨に支配され、制海権の行方は制空権の帰趨によって決まった。海上での戦いも航空機が戦勢を支配し、大艦巨砲による艦隊決戦は過去のものとなっていたのだ。そうなると、圧倒的な資源と工業力に支えられた米国の膨大な航空機生産能力がものを言った。

もう一つは、シーレーンの攻防における潜水艦の威力であった。第一次世界大戦で芽を出した航空機と潜水艦が第二次世界大戦では主役となって、空と海中から艦船を葬り去ったのち、島嶼に上陸して敵を撃破するという水陸両用作戦が完成された。社会と科学技術の発達が、戦闘方法という戦術はもとより、戦略をも変化させたのである。

3 欠如していた戦後構想

クラウゼヴィッツの負の遺産

リデルハートは、チャーチルの戦争指導を批判した。ドイツに対する無条件降伏の強要と戦略爆撃の実施は、ドイツ打倒という当面の目的に目をうばわれすぎて、戦後平和の構想が欠けているというのだ。ドイツが完全に敗退すれば、ソ連が東欧とドイツの大半を占領し、欧州大陸でソ連に対抗してバランスを維持できる国がなくなるというのである。

戦略爆撃については、リデルハートも航空機が出現した当初は、敵軍の頭上を越えてその後方の政経中枢を破壊できる間接アプローチ性を支持していた。だが、破壊力の増大が想像を上回り、政経中枢だけでなく国民生活全般を破壊する野蛮な手段となったこと、これが無条件降伏の強要と結びつくと、窮鼠《きゅうそ》猫をかむ状態にドイツを追いこんで戦争を激烈化し、間接性を失うこと、英独双方による相互破壊の応酬の結果、英国もダメージを受けて戦後は二流国に転落するであろうことから、戦略爆撃に反対の立場に回ったのだ。

この批判から窺える彼の戦争目的と戦略の考え方には、大いに心惹かれるものがある。だが、筆者はチャーチルを批判するのは的はずれであり、矛先はルーズベルトに向けられるべきだと思う。

じつはドイツでは、一九三八年まで参謀総長をつとめたベック将軍を頭首とした将校団のメンバーによって、ヒトラーを暗殺して新政府を樹立し、連合国に降伏して米英とともにソ連の進撃を阻止しようという計画が進められていた。彼らはスイスで活動していた米戦略情報部の代表者たちに秘かに接触していた。だが、ルーズベルトはこの好機を利用しようとしなかったのだ。

また、ソ連に対日参戦を求めたことも同質の失敗であった。フィリピンを解放したら、日本が降参するのはもはや時間の問題であった。ソ連を参戦させてまでトドメをさす必要はなかったのである。戦後の東アジアの秩序を考えれば、国民党の中国と新日本によって共産主義に対する防波堤を築くべきだったのだ。

各国の指導者がこのように「戦後」の構想を欠いた戦争指導に陥った背景には、前にも述べたようにクラウゼヴィッツの絶対戦争の理論があったことは否定できない。彼の理論は、政治目的を戦争論の基点にしながらも、実質的には政治目的を戦争の領域外におき、敵の抵抗力を完全に破壊する、絶対戦争化のための軍事戦略と戦術を追求しているのだ。戦争は異なる手段をもってする政治の継続であるのだから、政治目的は戦争後もつづくのであって、政治目的達成の手段である戦争目的は戦後の政治目的にも寄与するものでなくてはならない。また、政治目的の達成を戦争に委託するにしても、外交や経済などの手段も平時から継続しているのである。したがって、戦争目的と戦後の政治目的の関係、戦争目的と外交、経済などの国家活動との協力関係、すなわち政戦略との関係について、戦争論として分析し記述すべきであったと思われるのだ。

最後の絶対戦争か？

第二次世界大戦は航空機や戦車など攻撃兵器の発達により、第一次世界大戦の塹壕戦と異なり運動戦となった。だが、破壊力の増大と戦略爆撃の出現は、第一次世界大戦をさらに上回る甚大な被害をもたらす絶対戦争を出現させた。

犠牲者の数はソ連が二〇〇〇万人以上、うち兵士は一三六〇万人にのぼった。ドイツの死者は七〇〇万人以上、うち兵士は四二〇万人。両軍の犠牲者数の三分の二以上は東部戦線での戦いによるものであった。米国は西部戦線と太平洋での戦いをふくめて二六万人、英国は四〇万人程度であった。

東部戦線での犠牲者の数が圧倒的に多いのは、不倶戴天の敵であるナチズムとボルシェビズムのあいだの戦いは、いずれか一方の完全な消滅しかないという殲滅《せんめつ》戦であったことによる。ドイツは、西方では通常の戦争を戦い、東方では近代史上に例のない殲滅戦を戦ったのだ。

航空機が投下した爆弾の量からみても、大戦の激烈さが窺える。米英両軍が欧州戦場に投下した全爆弾量は二七〇万トンにのぼり、そのうち地上部隊の戦闘支援に約三〇％、生産施設や輸送機関の破壊に四五％、そしてドイツの都市爆撃に二四％が費やされた。

第一次世界大戦で出現した航空機と戦車が、次の戦争は新たな戦いとなることを予感させたように、米国が日本に落とした二発の原子爆弾も、次なる新たな戦争の出現を予想させた。従来の爆弾とは破壊力が桁違いの核兵器の出現によって、次に起こるかもしれない第三次世界大戦は、第二次世界大戦をもはるかに上回る、クラウゼヴィッツも想像できなかったような絶対戦争となる恐怖が世界を覆うことになったのである。

第六講　核の恐怖下の戦争——冷戦

1　核抑止戦略の基礎

冷戦のはじまり

第二次世界大戦が終わると、米国は軍隊を大々的に復員させて急速に平時態勢に縮小したが、ソ連は戦時動員態勢の大幅な変更をしなかった。このため一九四八年には、総兵力数は米軍の一三九万人に対しソ連軍は四〇〇万人と、著しい不均衡が生じた。

米国は圧倒的優勢となったソ連の通常戦力を前に、独占している原爆と戦略爆撃機を組み合わせて戦力の中核にすえ、陸軍を常備二〇個師団に増強するとともに、空軍を七〇個航空団二万四〇〇〇機に増強する計画を立て、五〇年初頭には六七個航空団を保有した。だが、ソ連が四九年九月に原爆を保有したことによって、米国の原爆独占の時代は終わりを告げていた。しかし、核兵器と爆撃機の数においては、米国の優勢はつづいていた。

ソ連の軍事的優勢をバックにして、ギリシャでは共産ゲリラが蜂起した。さらに東欧諸国は、チェコに四八年、共産党政府が成立するというように次々と赤化されていった。そこには、レーニンの「まず東欧を、ついでアジアを、そして米国を共産主義化する」という長期的な世界赤化の大戦略があった。

米国はこのような情勢から西欧諸国を防衛するため、四七年三月にトルーマン・ドクトリンを発表して共産主義の脅威と戦う姿勢を鮮明にした。ソ連の封じ込め政策を採用し、マーシャル・プランによる欧州復興計画に取り組むとともに、北大西洋条約機構(NATO)を設立してソ連の軍事的圧力に対抗した。こうして欧州だけでなくユーラシア全体を巻きこんで、東西両陣営に分かれて対立する冷戦がはじまったのである。

「冷戦」という言葉は、米国の評論家ウォルター・リップマンが「Cold War」の題名で評論を発表して有名になった。彼の定義によると、宣伝と浸透、間接的な政治や経済やその他の圧迫などを手段とする戦争をいう。国際政治においては、米ソ関係の対立を中核とする国際政治の緊迫状態を指す用語として使用されている。

大量報復戦略の登場

一九五〇年代前半、米国は朝鮮戦争の教訓から、第二次世界大戦型の通常軍備では、膨大な陸軍をもつソ連軍の脅威には対抗できないと結論した。このため、米国は戦略空軍と海軍部隊を増強することによって、ソ連の膨張政策を阻止しようとした。優勢なソ連陸軍に対して、侵略の可能性のあるすべての地域に優勢な精鋭部隊を維持することは不可能であるから、いかなる国よりも優位に立てる空軍力を保持しようと考えたのである。

戦略爆撃だけでは敵を完全に屈服させられない、というのが第二次世界大戦以来の教訓であったが、核爆弾を使用するとなると話は別である。戦略爆撃機に核兵器の破壊力がくわわれば、即座に敵の政治的・軍事的中枢を破壊してしまう「巨大な報復力」を指向することができるからである。

米国は優勢な戦略爆撃機に核兵器を装備し、その報復力によってソ連が保有する優勢な地上軍の脅威に対抗し、大戦争の勃発を抑止しようとした。さらに報復力の政治的・心理的威力を印象づけるため、「大量報復戦略」という威嚇的な名前をつけた。

五四年一月一二日、ダレス国務長官はアイゼンハワー政権の軍事・外交政策を説明して、「われわれの選ぶ方法と場所において即座に反撃できる巨大な報復力に主たる重点をおくことである。……この結果、いろいろ多くの軍事手段を用意するかわりに、そのどれかを選択すればよいことになる。したがっていまや、より基本的な安全保障を、より安上がりに確保することが可能になった」と述べた。

国防長官ならぬ国務長官であるダレスが核兵器による即時反撃という報復政策を声明したことは、大量報復戦略が単なる軍事戦略の域に止まるものではなく、政治・外交・心理的側面をもつ大戦略であったことをあらわしている。大量報復戦略は、抑止戦略の原型としてその後の核戦略の基礎となるとともに、ソ連が有力な戦略的核戦力を保有するまで、その優勢な通常戦力に対する抑止力としての役割を、五〇年代を通して担ったのである。

この戦略にもとづいた新軍備計画では、大規模な戦略爆撃機隊を建設するため、通常軍備のうち不必要とみられる部分を大幅に削減し、経費の節減をめざした。五四年の予算教書は、空軍は五七年半ばまでに一一〇個航空団を一三七個航空団（約四万機）に増強する一方で、三軍の総兵力を三四五万から二八一万五〇〇〇に削減し、とくに陸軍は五五年六月までに一一七万にまで縮小する計画を示している。

大量報復の落とし穴

だが核戦力が、他の戦力による防衛の役割をどの程度まで代替できるかという疑問は残っていた。核戦力に重点をおいて他の軍備を削減する戦略に、通常戦力の軽視であるとの批判も出てきた。ダレス自身も一九五四年四月号の『フォーリン・アフェアーズ』誌に寄稿した論文で、「米国は戦争を抑止し、侵略に対抗する唯一の方法として大規模な戦略爆撃のみに依存しようと考えているのではなく、侵略に対抗する手段と範囲において、広い選択の幅を保持するであろう」という主旨の弁明をしている。

五四年三月に米国がビキニ環礁で水爆の実験をおこなった翌月、リデルハートは大量報復戦略の落とし穴ともいうべき欠点として、次のような批判を展開した。

水爆の出現は、戦争の当事国だけでなく、すべての人類に脅威を与えることになる。局地的に制限された軍事侵略に水爆をもって反撃することが、責任のある政府にできるだろうか。水爆は全面戦争の可能性を減少させる反面、制限戦争の可能性を増大させる。敵は水爆で反撃されない程度の手段をつかって侵略することができる。共産主義の脅威を封じ込めるためには、むしろ通常戦力にいっそう多く依存することが必要になってきている。われわれは核空軍力を中心にした在来戦略とは異なる新戦略の時代に進みつつある。

つまりリデルハートは、大量報復戦略がかえって局地的、または小規模な軍事紛争を多発させるおそれがあることを指摘し、通常戦力による抑止も必要なことを主張したのだ。

陸軍参謀総長のテイラー大将は五九年春にその職を退いたあと、『鳴り響かぬラッパ』と題する書を発行し、大量報復戦略を批判して次のような柔軟反応戦略を提唱した。

ソ連が通常戦力で攻撃してきたらつとめて通常戦力で阻止し、阻止できなくなれば戦術核兵器を使用し、最終的には戦略核兵器を発射するという、エスカレーションによって対応する。これを平時からソ連に伝えておくことによって、ソ連の攻撃を抑止する——。

当時、核戦力全体としては米国が優位に立っていたが、弾道ミサイルの分野ではソ連が優勢になっていた。米国に効果的なミサイル防衛対策がない以上、ソ連の通常戦力による攻撃に対して、いきなり戦略核兵器を指向するわけにはいかないのだ。

これをうけてケネディ大統領は六一年、就任して最初の国防予算特別教書（三月二八日）と緊急特別教書（五月二五日）で、「戦略的抑止力の強化、限定戦争抑止能力の増強をはかり、通常戦力の柔軟性を増大し、冷戦の激化に備えて、非核戦争・局地戦・限定戦などに対応できる戦力を急速かつ実質的に整備拡大しなければならない」と訴えたのである。

2 相互確証破壊という人質

マクナマラの確証破壊戦略

一九六〇年代前半は米国の核戦力優位の時代がつづいていた。これへの対抗の一環として、ソ連は米国の「裏庭」にあたるキューバにミサイル基地の建設を進めた。これを察知した米国は一九六二年、ソ連にミサイル基地の撤去を要求し、キューバ周辺に海軍艦艇と航空機を配置して封鎖した。キューバ・ミサイル危機の勃発である。結果、核戦力の劣勢なソ連は、ミサイルとＩＬ28型爆撃機の撤退を甘受した。

このころ、ソ連と中国に支援された北ベトナムが、米国に支援された南ベトナムへの浸透作戦を活発化していた。ベトナム戦争に軍事介入することを決意した米国では、北爆を開始した六五年二月、マクナマラ国防長官が確証破壊戦略を発表した。

マクナマラが明らかにした確証破壊戦略とは、ソ連が第一撃をしかけてきた場合、米国はソ連に耐えがたい大きな損害をあたえる反撃力をもっていると認識させることにより、ソ連に米国と同盟国に対する核攻撃を思いとどまらせるという核抑止戦略であった。その反撃力としては、ソ連の人口の四分の一ないし三分の一、工業力の約三分の二を破壊すれば、ソ連は多年にわたって大国として存在できなくなるとした。

米ソの戦略ミサイル数（1962年）

戦略核戦力	米国	ソ連
大陸間弾道弾	294基	75基
潜水艦発射弾道弾	144基	42基

（久住忠男『核戦略入門』より）

その後、マクナマラは六七年一月に、反撃力の基準をソ連の人口の五分の一ないし四分の一、工業能力の二分の一ないし三分の二を破壊する程度と変更し、中国に対しては、五〇以上の都市を攻撃し、都市人口の半数（五〇〇〇万以上）と工業力の半数以上を破壊する程度とした。そして六七年までに、ミニットマン一〇〇〇基、ポラリス潜水艦四一隻（六五六基）、戦略爆撃機B52型六〇〇機、B58型八〇機が整備され、その質と保有量において圧倒的優位を確保したのである。

確証破壊戦略には、このように人的損害の具体的数字を示した対都市攻撃を標榜することで、心理的に威嚇してソ連軍や中国軍の介入を阻止するという意図があった。

ソ連の巻きかえしと相互確証破壊戦略

キューバからミサイルを撤去させられて無念の涙をのんだソ連は、外交面ではデタント（緊張緩和）政策をよそおいつつ、ひそかに核戦力をアメリカの水準に追いつき、追い越すよう増強する計画を立てていた。一九六四年一〇月、フルシチョフに代わって政権を掌握したブレジネフ第一書記も、基本的にはこの政策を踏襲した。

ただしブレジネフは核戦力の増強政策は踏襲したが、軍事政策全体としては大きく変更した。フルシチョフの核戦力偏重政策を修正して、かつてジューコフ元帥が主張していた通常軍備重視の方向に転換したのである。そのために、フルシチョフによって退任させられていたザハロフ元帥を参謀総長に復職させた。

ブレジネフは、現代の戦争において核戦力はきわめて重要な地位を占めるが、同時に通常戦力もバイタルな役割を演ずるとして、将来戦は核戦争と非核戦争の両方の性格をもつことになると考えた。局地戦争でも、一定の条件を満たせば核戦争に発展することもあれば、長期戦になることもあるし、短期戦で終わることもある。

核戦争に突入した場合も、戦略ミサイル部隊はもちろん主要な目的達成に貢献するが、通常戦力も核の第一撃がおこなわれたあとに重要な任務を達成する。したがって、戦略ロケット軍をはじめ、陸・海・空・防空の各軍種すべてをバランスよく整備すべきであるという、中間派の思想を採用したのがブレジネフの戦略であった。

七〇年代になると、ソ連の戦略核戦力の増強が早いテンポで進み、すでに米国と数量的には同等になる勢いを示していた。ベトナム戦争で国力を消耗した米国は、戦略核戦力の保有量がソ連に抜かれる情勢となっても、技術的優位を維持する政策をとるだけであった。米国はMIRV（個別誘導複数目標弾頭）の実戦配備をはじめ、弾頭数の優位と命中精度の向上をはかり、ABM（弾道弾迎撃ミサイル）の開発をすすめた。

ニクソン大統領とキッシンジャー補佐官が、ソ連との戦略兵器の制限交渉（SALTⅠ）を開始したのは、こうした情勢下でのことであった。

七二年、米ソはABM基地を二ヵ所（二〇〇基）に規制するABM制限条約と、ICBM（大陸間弾道ミサイル）とミサイル潜水艦数を現状で凍結する暫定協定を成立させた。これによって、確証破壊戦略に相互抑止理論が結合した相互確証破壊戦略（以下MAD）が完成したのである。

ソ連は巻きかえしによって攻撃核戦力においては米国を追い越したが、ABMにおいては技術的実現性をクリアできず開発が遅れていたため、協定を受け入れたのである。

ABMを二ヵ所に限定したことは、米ソが実質的に核攻撃に対する防御策を放棄し、市民を核攻撃の脅威にさらすことで相互に抑止するという考え方を受け入れたことを意味していた。つまりMADとは、核戦争をおこなえば双方が共倒れとなって壊滅する状態をつくり出すことによって自制するという抑止理論である。この理論のキーは、国民を「核の人質」とすることにあった。

ソ連のアフガン侵攻と相殺戦略

一九七九年の国際情勢は、イランとアフガンを中心として緊迫した状況がつづいていた。イランでは一一月四日、テヘランの米国大使館が占拠される事件が発生し、米国は空母二隻を基幹とする強力な艦隊をインド洋に派遣した。アフガンでは、反ソ勢力のゲリラ活動がつづき、親ソ派のタラキ議長が殺害されて反ソ派のアミン首相が実権を掌握したのを機に、ソ連は一二月末にアフガン侵攻を開始した。

ソ連がその勢力圏外にはじめて軍事力をつかい、またアフガンの地政学的条件がソ連のインド洋への進出を可能にすることから、カーター大統領はこの侵攻を重大視した。

米国はソ連に対し、第二次戦略兵器制限条約批准審議の延期、穀物や戦略物資などの部分的禁輸、などの政治的・経済的制裁措置をとった。そして軍事的には、カーター・ドクトリンによって、中東油田地帯を支配しようとする外部勢力の試みは米国に対する攻撃とみなし、軍事力をふくむあらゆる手段をもってこれを撃退するという強硬な姿勢を示した。

核戦略の面からソ連に対する強硬政策を示したのが、ブラウン国防長官が八〇年一月に明らかにした相殺戦略であった。これは、ソ連が戦争をはじめても、その目的を達成することができずに大損害をこうむり、何も得ることがないことをソ連に認識させるだけの部隊と計画を準備して、抑止を効果的に作用させるというものであった。

その準備とは、ソ連からの第一撃に生き残って大量報復できる核戦力を維持し、核戦争で勝利が得られないことをソ連に認識させるに十分な対ソ限定核攻撃能力とドクトリンを用意し、相互軍縮協定によりもっとも安定した戦略バランスを維持することであった。

このことは、ソ連の戦略核戦力が質量ともに進歩して米国とならび、MADによる抑止について、米国の自信が大きく揺らぎはじめたことを意味していた。

3 「核の人質」からの脱出

レーガンのスターウォーズ構想

レーガン大統領は一九八三年三月八日、フロリダ州オーランドでの演説でソ連を「悪の帝国」と断じ、世界制覇をもくろむソ連からの戦争をいかに抑止するかを訴えた。そして、二週間後の二三日の演説で、戦略防衛構想（SDI）を発表した。

この構想は、ソ連からの弾道ミサイル攻撃を宇宙空間に配置したレーザー光線やビーム兵器によって、①発射直後②宇宙空間③大気圏再突入時の各段階で迎撃するという多層防衛網を構築しようとするものであった。

だが、この構想が発表されると、米国の専門家の間でもはげしい反発が起こった。当時ヒットした映画「スター・ウォーズ」になぞらえ、「滑稽《こっけい》な計画」との皮肉もこめて「スターウォーズ計画」と呼ばれた。結局、この計画は完成しなかったが、のちに弾道ミサイル防衛構想（BMD）として生まれ変わり、完成の域に達しつつある。

SDIが実現しなかった要因としては、技術的にむずかしく多額の費用がかかることと、専門家の反発がはげしかったことがあった。反発の理由は、十余年にわたって米国を支配してきたMADのキーである〝防御の放棄〟をやめることは、MADを否定することである、というものだった。

SDIの思想は、ソ連の先制攻撃が成功するかどうか不確実にすることにより核戦争の勃発を抑止し、その結果として攻撃核戦力の価値を低下させてその削減をうながし、あわせて事故や誤認による偶発攻撃にも対処するというところにあった。そしてさらに重要なのは、核の報復という脅威にさらされる恐怖の均衡から国民を解放し、核兵器だけを破壊する、人間的・道徳的な、それ自身は非核の兵器であるという点であった。

このように、任期最後の年におけるカーター、そして次のレーガンと、米国がソ連に対して攻勢的に出た背景には、ソ連のアフガン侵攻によって米国の対ソ観が一変したことがあった。ソ連の膨張政策が不変であることを認識したのである。

レーガン政権は「新ソ連封じ込め政策」を打ち出した。SDIを推進するとともに、NATO諸国にパーシングⅡミサイルを配備し、核戦力を増強したのである。さらに通常戦力、とくに海軍力の増強にも踏み出した。西側同盟国とともに、核戦力と通常戦力の両面からソ連の膨張を封じ込めようとしたのだ。

これに対してソ連も、核戦力と海軍力をはじめとする通常戦力の増強に力を入れて米国と競争した。この競争は当然ながら、軍事力を造成する経済力の競争となった。そうなると、米国の強力な資本主義経済の前にあっては社会主義経済はあまりに脆弱だった。経済面と技術面の両方から、ソ連は米国との軍拡競争に耐えられなくなった。

八〇年代にはいるとソ連の対外膨張は止まり、徐々に後退する動きをみせた。八九年になると、ベルリンの壁崩壊に象徴されるように東欧諸国がなだれを打ってソ連圏から離脱し、そして九一年一二月、ついにソ連は瓦解した。

あのスパイクマンの「リムランド諸国と共同してハートランドの勢力拡大を抑止する」という命題が、とうとう達成されたのである。

レーガンが仕掛けた「新ソ連封じ込め政策」という大戦略は、冷戦という砲火を交えない米ソの戦争において最後のとどめを刺す総攻撃となった。それは民主主義と共産主義の体制の是非を問う戦いであった。冷戦という戦争は、政治とは異なる手段をもってする政治の継続ではなく、政治そのものが手段の主役として戦う、総合力としての政治の継続そのものであった。その決め手は、民主主義という政治のもつ総合力が、共産主義のそれよりも優れていたところにあった。

こうしてみると、民主主義の総本山、唯一の超大国アメリカに挑戦する、経済は資本主義で政治は共産主義という国の結末がどうなるかは、見えているように思われるのだが。

冷戦後の核戦略

ソ連の消滅によって核戦争の脅威は著しく低下したが、新情勢に対応した新核戦略はまだ模索の段階にある。

いま、核保有五大国のうち中国をのぞく米ロ英仏の四ヵ国は核兵器を削減している。一方、インドとパキスタンが核兵器を保有するようになり、イランや北朝鮮に核兵器開発の疑惑がもたれ、二〇〇五年六月に北朝鮮の金桂冠《キムゲグアン》外務次官は米テレビ局のインタビューに答え、核兵器の保有と、それをさらに増強していくことを明らかにした。

こうした情勢下において、米国は潜在的に敵国となる可能性を否定できないロシアと中国を念頭におきながら、ロシアとの戦略兵器削減交渉を定着させつつ、保険としての強固な報復力を維持して抑止戦略を継続している。

その一方で、核開発をすすめる「無法者国家」や拡散する核を入手するテロ組織から海外に展開する米軍と同盟国を防衛するため、冷戦下では封印していた弾道ミサイル防衛(BMD)システムの開発と配備に踏み出した。BMDを保有すれば、核攻撃をうけても弾道ミサイルを撃ち落とす確率が高いし、人命その他の損害を限定できるため、敵は核攻撃をあきらめざるをえなくなる。これを拒否的抑止という。

ソ連の核戦力を継承したロシアは、悪化する経済・財政状況のためにその規模は縮小せざるをえなくなっているが、大国のシンボルとして、また弱体化につけこむ直接的な侵略の抑止力として、そして劣勢となった通常戦力の補完として、相当量の戦略核と戦術核を維持しようとしている。一方では限られた財政状況のなかで、周辺諸国からの脅威に対処するBMDと米国に対する抑止力としての核のいずれをとるか、むずかしい選択を迫られてもいる。

〇三年一〇月に公表した新軍事ドクトリン「ロシア軍近代化の指針」では、「抑止力の限定的使用」を検討するとして、通常戦力の脅威に核兵器で対抗する可能性を示している。また、米国が地下深くの防空壕に潜む敵をたたくために研究開発をすすめている、精密誘導兵器と小型核を組み合わせた新核兵器を米国との対抗上からも、ロシアも直面している対テロ戦争上からも強い関心を示している。

今後はロシアよりも、中国の核戦力に注意していかなければならない。大国として東アジアの覇権をめざす中国としては、周辺国だけでなく米国とロシアに対する抑止力として、核戦力は欠くことのできない手段である。現状の核戦力は米ロに比較して小さなものであるが、二一世紀半ばには米国につぐ経済大国になるといわれる経済力の発展に比例して、その戦力も増加していくからである。冷戦の終結によって米ロ英仏四ヵ国が核戦力を削減しているなかで、以前と変わらないペースで核戦力の強化をはかり、報復能力にもとづいた核戦略を精緻化していることが、中国の二一世紀における意図を示している。

冷戦後の今日、米ロを中心とする核保有国の核戦略は、冷戦時代と同様に報復能力を軸とする抑止戦略を維持している。だが、「無法者国家」の核保有やテロ組織への核拡散の脅威が深まる情勢においては、米ロとくに米国の核抑止戦略は報復的抑止一辺倒から、BMDによる拒否的抑止をくわえたものへと変化していくと思われる。

核兵器と『戦争論』

核兵器という究極的な大破壊力をもつ戦争手段の出現によって、主要国同士が直接砲火を交える戦争をおこなうことができなくなった。核兵器の破壊力があまりにも大きすぎるため、その使用は人類の自殺になりかねないのだ。たとえ小型核兵器、すなわち戦術核兵器であっても、その使用が大規模核戦争にエスカレートするおそれが大きい。つまり、核兵器をもった大国同士は戦争できなくなったのである。

そうなると、「戦争は政治におけるとは異なる手段をもってする政治の継続である」というクラウゼヴィッツの定理すらも怪しくなる。彼は哲学的思弁にもとづいて、慎重に「現実における手直し」があることを追加しておいたが、手直しどころの話ではない。政治的、外交的手段で決着できない目的を達成する唯一の手段であった戦争が、使えなくなってしまったのだ。

ここに、核兵器による抑止の戦争理論について、あらためてまとめておこう。

核兵器は、その大破壊力という特質によって、軍事面だけではなく、政治、外交、心理などの面において強い影響力をおよぼす。つまり、核兵器をもたず、核兵器をもつ同盟国もない国に対しては、戦争という手段によらなくても、核の脅しによって自国の政治的要求を相手に強要する、孫子のいう「不戦屈敵」が可能になってきた。

かりに、前述のような危険を冒してでも核兵器を使用する場合でも、大統領や首相の決定に従うよう、各国では厳重に統制されている。すなわち、核戦略の実行は軍事的決定ではなく政治的決定に従うのであり、もはや戦争は政治におけるとは異なる手段をもってする政治の継続ではなく、政治そのものになったのである。

しかも、現実に政治が選択するのは、核兵器を戦争の抑止力として使用することである。抑止力として核兵器を使用する場合は、多分に政治的、外交的、心理的なチキン・ゲームの様相となる。MADほかのさまざまな核戦略も、核兵器による先制攻撃に対する報復態勢を整えておくことで核戦争の発生を防止するという考え方から生まれている。

さらに、核戦争に発展するおそれのある通常戦争の生起も極力防止する。小規模な局地通常戦争もふくめて、中央政府の意図に反して偶発的に発生したり、第一線指揮官の過誤や独断によって生起することのないよう、軍に対して徹底的な政治統制がおこなわれる。

かりに戦争となった場合でも、それはキッシンジャーの提唱したような戦い方でおこなわれる。相手国の存亡にかかわるような政治目標をかかげず、政治目的と軍事目的を調和し、双方の報復力に手をつけない聖域をのこしておく。そして、戦略目的を敵の撃破ではなく、敵の意志に影響をあたえることにおき、作戦も新しい段階に達するたびに政治的話し合いの機会を求め、段階を追って次の作戦を進めるのである。

こうした抑止の戦争論はもはや、敵の抵抗力の破壊を基本とするクラウゼヴィッツの『戦争論』の「現実の手直し」をはるかに超えた、別の理論である。そして、この理論が米国のベトナム戦争遂行の基礎となった。だが、その結果、ソ連と中国の参戦は抑止できたものの、ベトナムを政治的に屈服させることはできなかったことに留意すべきであろう。

第七講　冷戦下の制限戦争とゲリラ戦

1　マグサイサイの対ゲリラ戦

新しい戦争——ゲリラ戦

第二次世界大戦後、米ソの対立が明らかになってくると、西欧ではギリシャの内戦、中東ではイスラエルとアラブの対立、アジアではインドとパキスタンの紛争、インドシナ戦争、マラヤのゲリラ戦などがあいついで発生した。これらの戦いの中心をなしたのはゲリラ戦などの非正規戦であった。

ゲリラは古くからある軍事闘争の形態であるが、とくに第二次世界大戦後になると、世界中の軍事闘争の主要な形態となった観さえ呈した。核兵器が出現して米ソの核戦略体制ができあがると、人類を絶滅させるおそれのある核兵器が戦争の手段として使用できなくなり、通常戦争も核戦争にエスカレートする危険があることから抑制されるようになった。このため、核戦争と通常戦争の網の目をくぐって実行できるゲリラ戦に代表される非正規戦が、政治の手段としての戦争の主要な形態となったのである。

ゲリラ戦は、独立した武装集団によっておこなわれる非正規戦であり、国民の一部が蜂起して政府と戦い革命へと発展していくタイプと、ある国が敵国または敵国に占領された国の不平分子をそそのかして蜂起させたり、蜂起した武装勢力を支援したりするタイプがある。レジスタンスと呼ばれるのは、後者のタイプにはいる。

ゲリラは正規軍とまともに戦うには戦力が弱いため、通常戦争とは異なる非正規なあらゆる手段をもちいて戦う。その典型的な方法が、毛沢東が編み出した遊撃戦である。

その最初の段階では、ゲリラは敵を攻撃するだけの力をもたないため、つねに敵の攻撃に対し後退をつづける。だが、ゲリラは後退するにつれて根拠地に近づき、増援、兵站、民衆の支援によって力を増していくのとは逆に、敵は戦線を拡大してゲリラ側を支援する地域の奥深くまで侵入するため、しだいに疲労し、勢いを失う。

そこで次の段階に移行する。ゲリラは敵を攪乱しはじめ、後方連絡線を襲い、敵が休止しているときはそれを妨げ、輸送隊を待ち伏せして武器や食糧を捕獲する。

これによって敵が弱体化すると、最終段階となる。増強され、十分に訓練されたゲリラが投入されて攻勢に転じ、敵を圧迫して、最後には撃破するのである。

この毛沢東の遊撃戦のポイントは、まず民衆の支持をえて支援を仰ぐことである。また、一つの段階から次の段階に移行するタイミングを適切に判断することが肝要となる。

そして、クラウゼヴィッツも指摘しているが、敵を疲れさせ、敵の物理的兵力と戦闘意志を長期間にわたって、少しずつ消耗させることである。さらには、外国からの支援と、休息と準備のための聖域が確保されていることも重要である。

ゲリラはこのような戦い方に連携して、民衆のサボタージュを扇動し、政府や軍の要人を暗殺するなど、テロと同じような手段を併用することもしばしばある。だが、テロ戦争と決定的に違う点は、原則的には民衆に危害をくわえないことである。ゲリラ戦成功の最大の要因が、民衆の支持と支援をえることであることからすれば当然でもある。

大戦後、世界では多くのゲリラ戦が戦われたが、ゲリラは正規軍にとって厄介であり、対ゲリラ戦に勝利した例のほうが少ない。そこで、対ゲリラ戦に成功したまれな戦例としてマグサイサイの対ゲリラ戦略を見ておきたい。

元ゲリラの国防長官

第二次世界大戦中に日本軍がフィリピンを占領したとき、マニラにいた共産党はフク団と呼ばれるゲリラ部隊を編成し、山岳地帯を拠点としてゲリラ活動をおこなった。マッカーサー将軍が日本軍を追いはらってフィリピンに復帰すると、フク団は一九四四年に独立したフィリピン政府を支配しようとしたが失敗した。フク団はマニラに近いアラヤット山周辺の湿地帯やジャングルを主要拠点として、ふたたびゲリラ活動を開始した。その活動は、土地をもたない貧しい農民の支持をえてルソン島中部に勢力をはり、ときには広範囲な地方を支配することもあり、五〇年にはマニラを襲うほどの力をもっていた。

こうした状況下において、キリノ大統領は国防長官に若いラモン・マグサイサイを任命し、フク団の鎮圧を命じた。マグサイサイは、日本軍の侵攻に際して抗日運動に参加した元ゲリラであった。だがこののち、五三年には大統領選挙でキリノ大統領に圧勝して大統領に就任し、内政的には土地改革を推進し、対外的には反共親米政策をおこなうことになる、優れた政治家としての資質をもっていた。

マグサイサイが国防長官に就任した当時のフィリピンの選挙は腐敗していて、有権者の大多数を占めているにもかかわらず、土地をもたない農民の推す候補者は当選しなかった。だが、マグサイサイが国防長官に就任して一年後の五一年の国会と地方自治体の選挙では、選挙管理委員会の要請によって投票と開票を軍が監視して不正を排除した結果、農民たちが投票した候補者たちが当選した。これは政府に不満をもちゲリラを支持していた農民たちの心が、ゲリラから離れていくきっかけになった。

民衆への政治的工作

選挙によってフク団弱体化への布石を打ったマグサイサイは、本格的な鎮圧作戦に乗り出した。それは、軍事作戦と政治的工作の両面から実行された。

彼はまず無能な将軍や幕僚を解任し、憲兵隊を再編成し、各部隊を小編成の隊にわけて、ジャングルに入ってフク団を積極的に討伐するように命令した。

マグサイサイは、孫子の「常に敵を緊張させ、疲れさせせよ」という戦略を適用した。ケソン元大統領の未亡人がフク団に殺害されたとき、マグサイサイは三〇〇〇の兵に追撃を命じ、ひとり残さず殺すか捕らえるまで七ヵ月間も追いつづけさせた。

政治的工作は、軍事作戦よりも重要であった。マグサイサイは毛沢東の指摘するように、その対象を軍と人民と敵の三種類に分けて、それぞれに政治的工作を開始した。

マグサイサイが就任した当時の軍は、士気が低く規律が乱れていた。無能で腐敗した高級将校たちを罷免して有能な将校や兵士を登用したマグサイサイは、積極的に駐屯地や基地を訪れ、実戦にも参加して軍の忠誠心を獲得し、士気を高め、規律を回復していった。

対ゲリラ作戦に従事する兵士は、昼夜を問わず待ち伏せ攻撃や爆弾の危険に晒されていたため、ゲリラが浸透している地方の住民を将来の敵と見ていた。そのため、兵士たちの住民に対するあつかいは乱暴であり、時には容赦なく苛酷であった。したがって、民衆はフク団をかくまい支援して政府軍を悩ませていた。

マグサイサイは、こうした事態を改善しないかぎり、対ゲリラ戦の成果があがらないことを知っていた。彼はパトロール隊に医師をともなわせ、病気の農民に治療を施させた。また、農民が橋や道路を修理するのを手伝わせ、学校や子供の遊び場の建設にも協力させるなど、民衆の友人・協力者として融和をはかるように命令した。

こうしてマグサイサイの政治は、深く民衆のなかに入りこんでいった。彼はさらにキリノ大統領を動かして堕落した役人をクビにし、政府の内外に蔓延している腐敗を取りのぞくようにしむけた。なかでも国と地方の選挙の公正を保証し、民衆の積極的な支持の獲得に成功したことは、ゲリラとの戦いにおける決定的な分岐点になった。

一般にゲリラ活動が多くの参加者や支持者をえるためには、ゲリラが山岳地帯やジャングルなどの劣悪な環境で飢えに苦しみながらも士気を維持でき、また単独で危険な任務にあたり強敵に立ち向かうときにも、恐怖を克服できるようなビジョンがなければならない。また、暴力的手段を用いなければ自分たちの目的は達成されないという信念を各自がもっていなければならない。そしてゲリラへの参加者が、いくらかでも生きのびられるチャンスがあるものでなければならない。また、支援してくれる民衆には、自分におよぶ危険も承知のうえで支援を継続する意志がなければならない。

ゲリラが発生する開発途上国では、民衆の忠誠心は家族、部族、地域社会に向けられる。このような地域では、ゲリラあるいは政府軍に対する民衆の姿勢は、たいてい彼らの受ける扱い方によって決まる。したがって、毛沢東は民衆に対する部下の態度について厳しい規則を設けていた。マグサイサイも、彼の軍と民衆との関係が民衆の支援によって大幅に改善されないかぎり、ゲリラ鎮圧が成功しないことを認識していた。

ゲリラに対する工作

フク団に直接はたらきかける工作として、マグサイサイは政府と議会を説得し、ルソンとミンダナオの肥沃な地域を開墾する資金と認可を獲得し、軍に経済開発隊を設立させて開発にあたらせた。軍の技師たちはジャングルを開墾し、道路をつくり井戸を掘り、共同住宅を建て、耕作地を作った。そうしておいて、ゲリラに対して、降伏する者には土地を一区画あたえると呼びかけた。フク団はあらゆる手段をもちいて呼びかけが味方に伝わるのを妨害したが、疲労した地位の低いゲリラたちが少しずつ脱走し、開発計画が現実だと知られるようになった。

これは、フク団が民衆をゲリラ化するうえで、もっとも効果的だった「土地のない者に土地を」という手段を逆手にとった戦略であった。マグサイサイがフク団との戦いを開始して四年たった一九五四年五月、フク団の指導者ルイス・タルクが降伏した。マグサイサイが大統領に就任した翌年のことであった。

マグサイサイがフク団のゲリラ活動から大義名分を奪い、活動への支持を消失させることによってゲリラを打ち破った事実は、この大義名分にこそ、ゲリラ活動の原因と目的、すなわち「重要性の中心」があったことを示している。各地で発生するゲリラには、各地各様に重要性の中心が存在する。ゲリラに対応するには、政治的・経済的・軍事的手段を併用して、ゲリラ活動からこれを取りのぞくことが重要なのである。

ゲリラ対処の二つの方法

ゲリラ戦においては、ゲリラにとっても政府側にとっても、行動の責任者を民衆に親しませ、敵の情報を獲得できるようにすることが、勝敗の帰趨を決める重要な要素となる。政府による民間支援活動は、政府が民衆の福祉を尊重していることを示し、民衆の忠誠心を強める点で有効である。だが、この活動が外国人によっておこなわれた場合は効果を失うことは、注意を要する。

ゲリラに対処する方法は大きく分けて二つある。一つは賢明な政策による対処、もう一つは強力な警察・軍隊による対処である。マグサイサイが用いたのは前者であった。この方法の利点は、政府の正常な治安維持活動の範囲を超えることなく、ゲリラを打破できることだ。マグサイサイも、容疑者を逮捕する際だけは、十分な法的証拠をあつめることが難しいため、やむなく人身保護令による権利を無視して容疑者を拘束したが、それ以外では憲法の保障する市民の自由については厳守した。

一方、強力な警察や軍隊による対処とは、憲法や法律や道徳的抑制を無視して強制力を行使することである。これはソ連が一九五三年のベルリンや五六年のブダペストで用い、フランスが仏領インドシナにおけるベトミン（ホー・チ・ミン率いるベトナム独立同盟）やアルジェリアでの反抗などに対して用いた手段であった。

この方法は、ゲリラ活動や大衆蜂起の初期の段階で強力におこなわれれば、これらを鎮圧することができる。ただし、大きな欠点が二つある。初期段階でタイミングよく鎮圧するためには強力な治安警察か情報機関が必要になるが、これは多数の人員を要し、民衆の自由を制限するため代償も大きいこと。もう一つは、力による圧力はますます人々の反発をまねき、そのためゲリラへの支持者が増大し、ゲリラの補充員が増大することである。

このような強制的な手段よりも、政策による手段のほうが優れていることは明らかである。もっとも、近代化や改革の計画が、いつでもどこでも有効であるとはかぎらない。たとえば、ある程度豊かな農民は大地主と同様に、土地改革に反対することもあるからだ。

また、こうしたみずからの大義名分を危うくする政策に対してゲリラは攻撃や妨害をくわえるから、そこは警察・軍事力によって守らなければならない。つまり、賢明な政策を主とし、強力な警察・軍事力を従として対策を実行することが対ゲリラ戦の要訣《ようけつ》なのだ。つけくわえれば、政策への支持を獲得するためには、敵だけでなく味方や中立的な民衆に対し、効果的な宣伝をおこなうことも重要である。非正規戦において、効果が正しく計算された宣伝は、あらゆる政治工作と軍事作戦においてきわめて有効な武器となるからだ。ただし、こうした心理戦はあくまで補助的手段であることも忘れてはならない。

マグサイサイが成功した要因は、このように優れた政治的手法によってゲリラを住民から分離して孤立させ、ゲリラ内をも分断したことにあるが、留意すべきは、彼にはもう二つの有利な要因が自然に備わっていたことである。一つは、国外からのゲリラへの援助を断つこと、もう一つはゲリラにとっての聖域（訓練・補給・休養のための基地）をなくすことであるが、フィリピンが島国であるため、国外からの援助を遮断することが容易なうえ、政府が手を出せない聖域を陸続きの隣国につくられることもなかったのである。

2 自縄自縛の制限戦争──朝鮮戦争

ソ連との対決は回避せよ

米国は一九四七年のトルーマン・ドクトリン以来、西欧における反共体制の構築に全力をあげていたため、中国本土、台湾、朝鮮のアジア諸国に手をまわす余裕がなかった。四九年の中国共産党による中国大陸制覇も傍観せざるをえなかった。

一九五〇年一月のアチソン国務長官による、西太平洋における米国の防衛線はアリューシャン列島から日本、沖縄を経てフィリピンに至る線であるとの演説は、こうした背景があらわれたものだった。

このアチソン演説を、北朝鮮（朝鮮民主主義人民共和国）とソ連は、米国は朝鮮を放棄した、と受けとめたのであろう、五〇年六月二五日、北朝鮮は三八度線を突破して、朝鮮半島の武力統一に乗り出した。

だが、ここにいたってトルーマン大統領は、中国が共産化したいま朝鮮の併呑《へいどん》をも見逃せば、共産化ドミノが起き、NATOにも共同防衛への不信感を抱かせることになると考えた。彼は軍事介入を決意し、二七日に米海空軍を三八度線以南に、第七艦隊を台湾海峡に急派し、三〇日には陸軍を投入した。朝鮮戦争の勃発である。

開戦当初、トルーマンは戦争目的を三八度線の回復に限定していた。しかし彼はその後、戦況の推移に応じて戦争目的の変更を重ね、一貫性を失っていく。

北朝鮮軍の電撃的な攻撃は、米韓主体の国連軍を釜山《プサン》周辺に追いつめた。だが、米軍が北朝鮮軍後方の仁川《インチョン》に逆上陸して敵を敗走させ、三八度線に迫るにおよんで、トルーマンは戦争目的を北朝鮮政権の打倒と朝鮮の統一に拡大し、三八度線以北の作戦を許可した。この変更には、マッカーサー国連軍司令官からの突きあげも作用していた。

国連軍が北上して清川江《チョンチョンガン》を越えるころ、中国から林彪《りんぴょう》麾下の精鋭第四野戦軍が、義勇軍の名のもとに鴨緑江《アムノッカン》を越えて参戦してきた。中国軍の大反撃により国連軍はソウル南方にまで押し返された。この時点ではトルーマンは、朝鮮からの撤退をも考えた。

しかし、リッジウェイ第八軍司令官の活躍によって中国軍を三八度線にまで押し返すと、再び戦争目的を当初の三八度線回復にもどしたのである。

戦争指導の根本である戦争目的を、戦況の推移に応じて何度も変更するトルーマンのリーダーシップには、とても及第点はあたえられない。最初の目的である三八度線の回復を堅持していれば、戦争は一年で終わったかもしれない。

だが、トルーマンは戦争目的の変更は繰り返したが、この戦争を局地的な制限戦争の枠内にとどめることにおいては終始一貫していた。それは、ソ連が朝鮮に介入するとともに、この機に乗じて欧州にも間接的に介入することを警戒したからであった。

トルーマンの政治的要求は、満州の中国軍基地爆撃の禁止はもちろん、鴨緑江の橋梁爆撃も制限し、ときには三八度線以北や、北朝鮮の兵站集積港である羅津《ラジン》すらもソ連に近いという理由で爆撃させなかった。核兵器の使用のみならず、蔣介石の国民党軍の参戦も許可しなかった。つまり戦争目的、戦場、軍事的手段が「政治」の要求によって大きく制限されたのである。

国連軍一〇〇万と中朝軍九〇万が戦う大規模な戦争となった朝鮮戦争は、こうして冷戦下の局地的な制限戦争として終結し、第三次世界大戦に発展しなかった。この「政治」の冷静な抑制は、大局的見地から評価できる。だが、義勇軍の名のもとに中国軍が参戦して以降、鴨緑江周辺や羅津の爆撃まで禁止したことは一考を要する。このため国連軍は非常に苦しい戦争指導を強いられ、将兵の犠牲をふやし、戦争終結を遅らせた。

このときは中国は核兵器を保有していないし、核兵器をもつソ連は表面に出ていない。ソ連と折衝した経験をもつクラーク米大将は、中国の介入時に断固とした決意を表明し、これを膺懲《ようちょう》する（うちこらしめる）姿勢を示す必要があったのではないかと述懐している。

朝鮮戦争経過要図

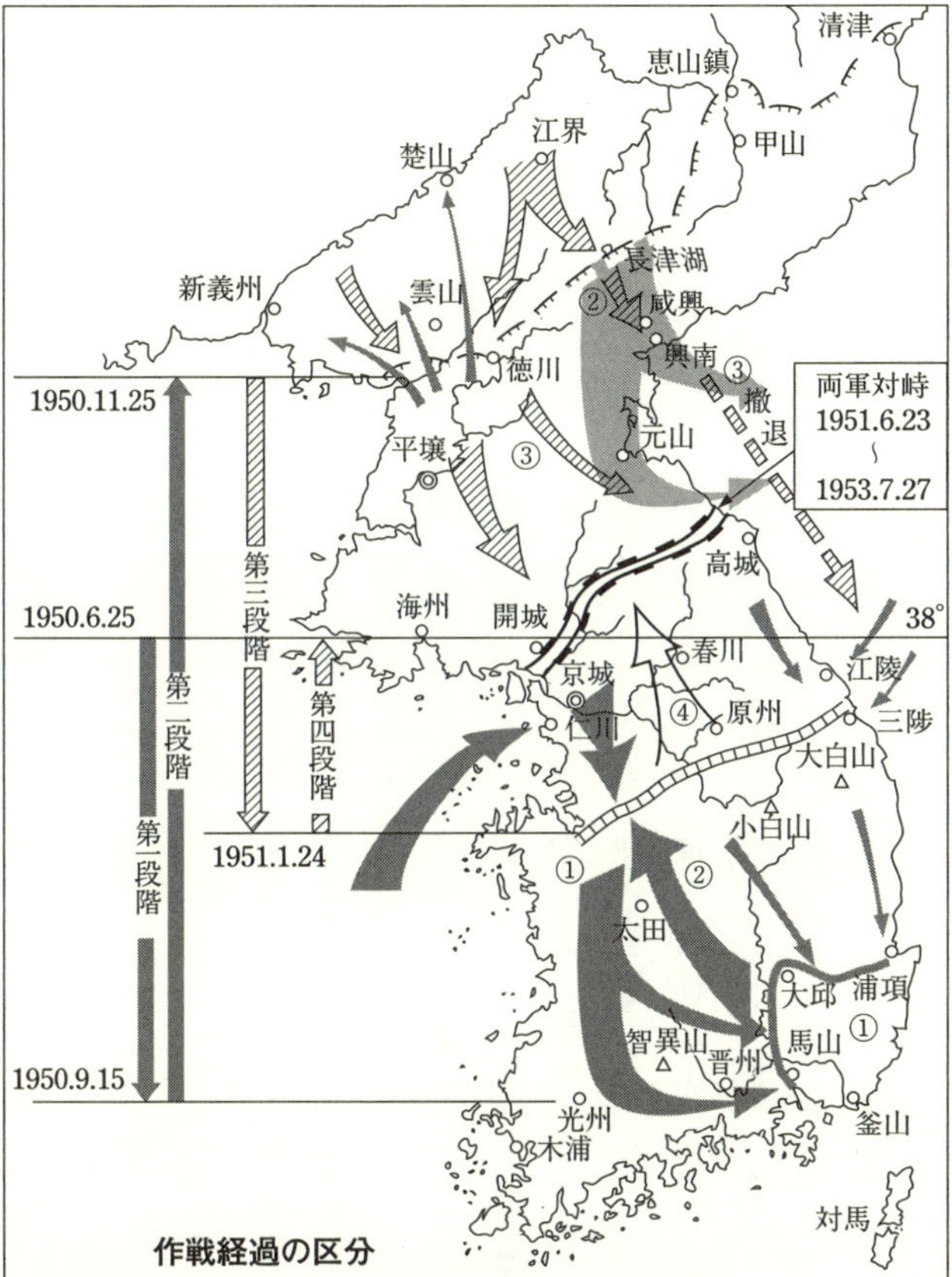

作戦経過の区分

第1段階　北朝鮮軍の進入。釜山橋頭堡の攻防

第2段階　国連軍の仁川上陸。北朝鮮奥地への進攻

第3段階　共産軍の反攻。国連軍の撤退

第4段階　国連軍の反攻。38度線へ

第5段階　38度線の対峙から休戦まで

（畝本正己『朝鮮戦争概史』より）

トルーマンとマッカーサーの抗争

朝鮮戦争におけるトルーマン大統領とマッカーサー元帥の対立は、戦争における政治と軍事の問題の典型を示していた。両者は、仁川上陸作戦後の三八度線を越えるとき、中国軍が介入してきたとき、国連軍が再反攻を開始するとき、といった戦争指導の各結節時において、たえず対立を繰り返した。その根底には、立場や基本的な思想の違い、そしてお互いが抱く劣等感と優越感という心理的な葛藤があった。

マッカーサーは太平洋戦争の国民的英雄であり、極東における政治と軍事の全権のほとんどを委ねられていた。そして米軍随一の長老であり、第二次世界大戦の英雄であるアイゼンハワー大将ですら、マッカーサーが中将のとき少佐にすぎなかった。まして当時の統合参謀本部の面々は、その軍歴と威信において肩を並べようもなかった。

マッカーサーが統合参謀本部の反対を押し切って敢行した仁川上陸作戦に成功したことは、日本占領政策の成果ともあいまって、老将の威信をカリスマ的にまで高めていた。

これに対して、トルーマンはルーズベルト大統領が任期なかばで死亡したため大統領になれた人物であり、マッカーサーのような威信もリーダーシップもなかった。ここに米軍最高司令官のトルーマンが配下のマッカーサーに劣等感を抱いて強く命令を下せず、マッカーサーは自信と優越感から自己の考えを通そうとするという関係が生じたのである。

だが、決定的だったのは立場と思想の違いであった。大統領としてのトルーマンは、朝鮮戦争を契機とする全面戦争の勃発だけは回避しなければならなかった。そのためには、ソ連と中国に介入の口実をあたえないことが求められた。

一方、この軍事行動を「反共十字軍」と考えていたマッカーサーは、この機会に北朝鮮軍を追い返すだけでなく殲滅し、北朝鮮全土を占領することを考えていた。さらには米国政府の台湾中立化政策に反して、蔣介石との共同も考えていた。マッカーサーは、共産主義と戦う者は誰であろうと支援すべきであるという信念をもっていた。したがって、彼にとって制限戦争などは論外であり、トルーマンの各種の拘束に縛られた戦争指導方針にことごとく反発したのである。つまり、戦争についての考え方が基本的に違っていたのだ。

優越意識にみちたマッカーサーは、トルーマンとの「格」の違いを利用して、純粋に軍事的な勧告という装いのもとに政治的問題を支配しようとした。それは「軍事」が「政治」におこなってはならない垣根を越えていた。この一事をみても、一九五一年四月一一日のマッカーサー解任は遅すぎたくらいである。

一方、トルーマンの罪は、マッカーサーの意図に気づいていながら仁川作戦成功後の大戦略を確立せず、マッカーサーの考えに引きずられるままに北朝鮮の占領に許可をあたえたこと、そしてその場合にソ連と中国が介入する可能性を自分で判断せずに、マッカーサーに押しつけたことである。戦争目的の変更をおこなう以上、それにともなう結果について検討し、準備するのは現地司令官ではなく大統領の責務である。

北朝鮮の占領に乗り出せば、中国が介入する可能性は大いに考えられた。その場合、中国軍の人海戦術の波が鴨緑江を渡ってくるわけであるから、それを爆撃して阻止しなければ手の打ちようがない。それが全面戦争に発展するというなら、戦争目的を変更せずに三八度線付近で攻勢をとめるべきである。マッカーサーが従わなければ、その時点で解任すべきだ。それが戦争指導であり、シビリアンコントロールの要諦なのである。

3　蟻が象にかみついた戦争――ベトナム戦争

中国との対決は回避せよ

ベトナム戦争は、米国が建国以来はじめてにして唯一、敗退した戦争であった。この戦争は、米ソ両陣営が対立する冷戦の一戦域であるベトナムにおいて、次の各要素が複雑にからんで戦われた。すなわち、北ベトナム対南ベトナムのベトナム統一戦争、南ベトナム政府とベトコンの内戦、統一後の主導権をめぐる北ベトナムとベトコンの水面下の戦い、統一後に中越戦争に発展する前段としての北ベトナムと中国の隠された戦い、そして米国と北ベトナム・ベトコンとの戦争である。ベトコンとは、一九六〇年一二月に結成された南ベトナム解放民族戦線をさして米国側が用いた呼称である。

多面性をもつベトナム戦争だが、その中心はなによりも、米国と北ベトナム・ベトコンとの戦争である。ベトナム戦争で米国が敗退した要因の一つには、この戦争にみずから制限戦争としての枠を嵌《は》めて、自縄自縛に陥ったことがあった。

米国が北ベトナムとの戦いを制限したのは、中国軍の介入という朝鮮戦争の悪夢の再来をおそれたからであった。中国軍が介入すれば、朝鮮半島より長大で、かつジャングルという、人海戦術が威力を発揮する戦場で戦わなければならなくなる。現に中国は、六四年六月に陳毅《ちんき》外相が「インドシナの戦火の拡大を黙視せず」と声明していたし、八月には中国政府が「米国の北ベトナムへの侵犯は、すなわち中国への侵犯」と声明していた。

マクナマラ国防長官は中国の反応に神経をつかいながら、北ベトナムへの爆撃を徐々にエスカレートさせていった。だが、エスカレーション戦略といえば聞こえはよいが、これは兵力の逐次投入という、戦略・戦術ではしてはならない戦理違反だった。戦いに勝つた

ベトナム戦争要図

中　国
ディエンビエンフー
ハノイ
トンキン(バクボ)湾
ラ
オ
ス
北ベトナム
海南島
北緯17度線
フエ(ユエ)
タ　イ
南シナ海
南ベトナム
カンボジア
サイゴン(ホーチミン市)
シャム湾

めには決勝点に必要な戦力を一挙に投入することが大原則なのだ。しかも主敵である北ベトナムに対して限定した爆撃以上の攻撃をしなかったので、ベトコンは最後まで北ベトナムを聖域として最大限に活用することができた。

ゲリラ戦を成功させる要件は、前述したように人心を掌握すること、活動に適した地形と生存に必要な自然条件があること、訓練・補給・休養のための聖域があること、外国の支援があることである。朝鮮戦争時に国連軍が満州への爆撃をみずから禁止して中国軍と北朝鮮軍の聖域としてしまったのと同様に、北ベトナムという聖域を存続させ、これを通して中ソの支援を継続してえられたことが、ベトコンがゲリラ戦を成功させる大きな要因となった。

戦理を知らないマクナマラは、中国のブラフという術中に完全にはまっていた。米国軍が中越国境に迫ったり爆撃したりしたならともかく、北ベトナムの策源地への爆撃や、ホーチミンルートの出発点付近(南北ベトナムとラオスとの国境付近)を地上兵力で押さえたぐらいでは、中国は介入しない。朝鮮戦争では中国も、米軍の近代兵器のまえに甚大な損害をこうむっているのだ。人々をゲリラ活動に向かわせる「重要性の中心」に手をふれずに、末端でゲリラに振りまわされる戦略は下策としかいいようがない。

通用しなかった大戦の方式

南ベトナムにおける一九五四年から五九年ころにかけてのゲリラ活動は、南に残った旧ベトミンの約二万人を中心とするものであった。彼らの大半は、ゴ・ジン・ジエム政権を支持する地方の指導者を暗殺するテロ活動をおこなっていた。北ベトナムはジエム政権を崩壊させるためには強力なゲリラ活動が必要であると認識して、五九年一月に武力解放方針をさだめ、全面的なゲリラ戦へと転換した。

これに対して、南ベトナム軍を指導する米国の軍事顧問たちは、第二次世界大戦における欧州戦のときと同じ方法で軍を編成し、訓練していた。したがって南ベトナム軍と米国顧問団は、通常戦の方法でゲリラ戦に対処した。また米国は、南ベトナムの大多数を占める農民の歓心を買う、その特性と現状に合った政治制度と経済産業を導入しようとはしなかった。最初は経済援助を必要とし、のちにはベトコンからの保護を必要とした農民たちの要求にこたえなかったのである。

無視された農民たちは、短期間のうちにベトコンを支持するようになり、よくても中立という状況になった。こうして六〇年になると、ベトコンが広範な地域を支配するようになり、南ベトナム政府が支配するのは大きな町だけになった。さらにベトコンは、南ベトナム正規軍の一個大隊を攻撃してその全装備を奪ってみせるほど強力になっていた。

米国と南ベトナムが備えるべき真の敵は、一七度線を突破してくる北ベトナム正規軍ではなく、浸透してくるゲリラであった。ゲリラと戦うための軍は、軍団や師団のような大きな編成の部隊ではなく、状況に応じて柔軟に対応できる、少人数で編成された対ゲリラ部隊でなければならなかった。

さきにベトミンと戦ったフランス軍は戦闘の最終段階になって、陸上では少人数の突撃隊を編成し、川や運河では少数の砲艦からなる艦隊を用いて、ゲリラとの戦いに適応していた。だが米軍は、このフランス軍の教訓を活用しなかった。

東南アジアのゲリラは食糧、補充、情報の大部分を農村に依存しているので、防衛の第一線は前線ではなく、地方全体に散在する小部落であった。これら部落の防衛とは、村の支援や同情をゲリラからとりかえすような経済的・社会的援助をおこなうことであり、村人をベトコンの報復から守ることであった。だが、米国は農村と農民を無視し、都市の基礎的な開発計画に経済援助を集中し、宣伝活動ももっぱら都市の知識層に向けた。

ベトコンが少数であったとき、政治・経済・軍事面で米国が最初から適切な手段を講じていたら、ベトナム戦争の様相は大きく変わっていたであろう。そもそも米国はこの種の戦争に対する理解が不足していて、これに対処する能力に欠けていたのである。

戦略村構想

ベトコンに対して通常戦方式が通用しないことが米国でもようやく認識されたころ、一九六一年に発足したケネディ政権は新しい戦略の実行を決定した。新戦略は、英国がマラヤで成功したゲリラの孤立化作戦と、マグサイサイの政治工作・民間活動を組み合わせたものであった。

その構想の眼目は、ベトナムの各農村の周囲を有刺鉄線などで囲って要塞化し、村から徴募した自衛団が防衛にあたって農民をゲリラから遮断し、ベトコンへの援助を阻止するというものである。そして、ベトコンに攻撃された場合はすぐに救援を呼べるように、通信機を配備することも予定していた。だが当初のうちは、地方の役人がこの戦略村構想を理解できないまま実行したため、ベトコンの襲撃に対し防御も救援もできないところに戦略村を設けたり、村人を無理に囲いこんで反発をまねいたり、政府軍が高圧的で横柄な要求をして村人の不信と敵意を買ったりした。

このような欠陥が現れたため、六二年に修正された戦略村構想では、安全度の高い戦略村を基点にして扇形に安全度の低い地域のほうに拡大し、各戦略村の協力関係をつくり、中心から援軍を送ることができるように改められた。政府軍の村民への横柄な取り扱いも改善され、また米国は民間支援活動として、各村へ物資と人員を供給するようにした。こうした修正の結果、六三年春ころに戦略村構想はいちじるしい成果をあげはじめ、ワシントンでは五年以内にベトコンを掃討できるとの考えをもつようになっていた。

このような状況の到来は、機動性に富む少人数部隊の多数の編成、ゲリラの孤立化と根拠地の破壊、民間活動による政府軍と村人との親密な関係の育成、農民への経済援助、効果的な宣伝活動といった対ゲリラ戦の原則を適用したことに要因があった。

内部崩壊

ところが、こうした情勢の好転にもかかわらず、南ベトナム政府のリーダーシップには致命的な弱点があった。ジエム大統領は、フランス植民地時代の強力な民族主義指導者であり、反共主義者だったが、知的な面では横柄で、ワンマンで、狭量な独裁者であった。

権力の維持に汲々としていたジエムは、軍事作戦や下級将校の任命まですべてをみずから決定し、秘密警察に政敵を追い回させた。サイゴンには政治的不満が渦巻き、知識人からの協力が失われていった。また、軍への過度の干渉は軍司令部を無力化させた。

戦略村計画もジエムからたえず干渉され、そのため戦略村を予定通りに拡大していくことが不可能になってしまった。地方でも、彼はお気に入りの下級将校を勝手に抜擢《ばってき》した。彼らは、野心家で無能で堕落した者が多かった。米国の助言による軍の多くの計画も齟齬をきたし、とくに経済的分野では村人にわたす物資が横領され、民心を失っていった。一九六三年、ユエの祭日に使用する宗教旗の使用を禁止したことが、反ジエム行動の火をつけた。宗教旗の使用禁止に対する抗議デモは全国に拡大した。ベトコンはこの機会をすばやくとらえて、各地で攻勢に打って出た。

こうした情勢下で、ジエムに我慢できなくなった将校たちが同年一一月にクーデターをおこし、ジエム政権を打倒した。これが、南ベトナム軍を混乱させた。ベトコンはこうした情勢を利用して攻勢を強め、南ベトナムはその後もクーデターを重ねて混乱の度をましていった。そしてついに内部崩壊し、米国も見捨てざるをえなくなるのである。

北ベトナムの大戦略

北ベトナムは中国の存在を利用して米国のもてる力を封じ、ベトコンにゲリラ戦という小戦闘の殲滅戦を展開させて米軍の犠牲者を増やし、米国内に厭戦《えんせん》気運を醸成させていった。北ベトナムが仕掛けたこうした心理戦が奏効し、米国世論は分裂していった。戦力を蓄えた北ベトナムとベトコンは、ゲリラ戦から正規戦に転換し、一九六八年一月にテト攻勢を開始した。米国はあわてて兵力を増強し、二月には南ベトナムに六〇万の兵力を展開するが、時すでに遅すぎた。

ときのジョンソン政権は同年五月からパリで和平交渉を開始し、翌年一月にニクソン政権が誕生すると、ニクソンはグアム・ドクトリンを七月に打ち出し、和平交渉をつづけた。このドクトリンは、米国は同盟国や友好国を見捨てることはないが、各国の防衛や幸福は各国がそれぞれ第一義的に責任を負うべきであるというもので、冷戦理論にもとづく過剰介入に歯止めをかける意味があった。これに沿って米国は、みずからを防衛する意思を失った南ベトナムからの撤退をはかる。

交渉で米国はもっぱら米軍の撤退問題を話しあい、この間に大半の兵力を撤退した。つまりは撤退の体面をつくろい、南ベトナム政府を見捨てたのだ。パリ協定が締結されたのは、七三年一月のことであった。

パリ協定の条文には、北ベトナム軍の撤退にふれた条項がなかった。案の定、協定が調印されて二年ほどたった七五年三月、北ベトナム軍とベトコンの大攻勢がはじまり、四月三〇日にサイゴンは陥落して南ベトナム政府は無条件降伏したのである。

米国が撤退を決定した理由には、米国の力に限界がみえはじめたこと、米ソの核戦力が均衡して米国が中国との接近を考えはじめたことがあった。だが、なによりも決定的だったのは、南ベトナムが三〇万もの死傷者と一五〇〇億ドルもの巨費とひきかえに守るに値する政権ではなかったことである。内紛と腐敗により、政権は実質的には崩壊していた。

それは、南ベトナム軍の戦意の低さにも現れていた。

ベトナム戦争における米国の敗北は、米国の軍事力の敗退というよりも、その使用を制限させた北ベトナムの大戦略の勝利だったというべきである。中国の介入という恐怖と、ソ連の支援をバックとする外交力、米国内に戦争忌避の風潮を蔓延させ、世論を分裂させた宣伝心理戦、ベトナム民衆に長期間抵抗意志をもたせた政治力。そして決定的だったのは、弱いときはゲリラ戦で戦い、実力を蓄え戦機をみて正規戦に転じるという柔軟な軍事力の使用により、米軍を追い出し、南ベトナム軍を壊滅させたことだった。

このように、政治と軍事を渾然《こんぜん》一体として北ベトナムがおこなった戦争指導こそ、「戦争は政治における とは異なる手段をもってする政治の継続」という定理を示したものであった。軍事力によって実現されたサイゴン占領という事実は、もはや他の手段によって覆すことはできなかった。各国がベトナムとの修交に乗り出したのである。力でかちとった既成事実が、外交政策に反映され、政治の舞台で認知されたのだ。パリ協定が調印されたとき、各新聞紙上では「戦争終結」という文字が躍ったが、それはまだ軍事力による戦争の終結にすぎなかった。まさに戦争は政治の継続であることを示す北ベトナムの勝利だった。

対ゲリラ戦の主役は「政治」

米国の対ゲリラ戦については、戦争と政治の関係において根本的な誤りがあった。それは、米国の全面的勝利と敵の無条件降伏以外は受けいれないという考え方である。この種の非正規戦、つまりゲリラやこれを支援する民衆と、一般民衆の区別ができない状況では、目標に対して優勢な軍事力を行使して完全に打破することが不可能なのだ。ゲリラ戦争は消耗戦であり、どちらがさきに力尽きるかで決まるのである。

ゲリラが頑張れるのは、民衆のなかに隠れて支援をえるからである。これを阻止できるのは、善政という政治である。つまり、政治の分野でも戦いがおこなわれており、むしろこちらのほうが主戦場なのである。このためには、南ベトナム政府が民衆の心をつかむような善政をおこない、ホワイトハウスが自国民に戦争の大義と長期の忍耐力が必要なことを説得して支持をえるという政治の戦いをおこなうことが必要だったのだ。

このことに関連して、もう一つの問題があった。戦争の開始とともに将軍が前面に出て、政治家が引きさがってしまったのである。いかなる戦争においても、「政治」が主であって「軍事」は従であるが、とくに非正規戦においてはこれを徹底しなければならない。ゲリラ戦は、政治的手段を主として、軍事的・経済的・社会的・心理的手段を補助にしておこなわれる、政治行為の継続そのものなのだ。

毛沢東は非正規戦では「政治活動は、ゲリラ部隊と革命戦争の双方にとって生命である」と指摘している。ゲリラ戦に成功したホー・チ・ミンやボー・グエン・ザップなどの指導者は、軍事行動よりも民衆を説得して支持をえて味方にしていく政治活動を重視していた。また、対ゲリラ戦に勝利したマグサイサイは、軍事的手段よりも政治的手段の優位を熟知していた。

こうした非正規戦における政治的問題は、その多くが戦場における日々の行動のなかにある。民間活動か軍事的行動か、報復か説得か、どの地域や村を攻撃してどの地域や村を守るのかという問題を、戦場や現場で常時、選択し決定しなければならないのだ。

現代における非正規戦も、これまで見てきたゲリラ戦と本質的に変わるものではない。だが、時代の進展により非正規戦を成立させる国際情勢は変化している。戦場となる地方の政治的・社会的・宗教的風土の特性によって、非正規戦の具体的対処法も異なってくる。マラヤで成功した戦略村が、どこでも適用できるものではない。ベトナムでは、ベトナムの状況に適用できるように修正することが必要なのである。

変わらないのは、戦争は政治の延長であり、あくまでも政治的手段が主で、軍事的手段は従であることだ。政治的手段によって民衆とゲリラを切り離したのちに、補給基地を軍事的に遮断して長期にわたり締めあげていけば、ゲリラを壊滅することも可能なのである。

第八講　二つの新しい戦争――イラク戦争

イラクと周辺諸国の関係図

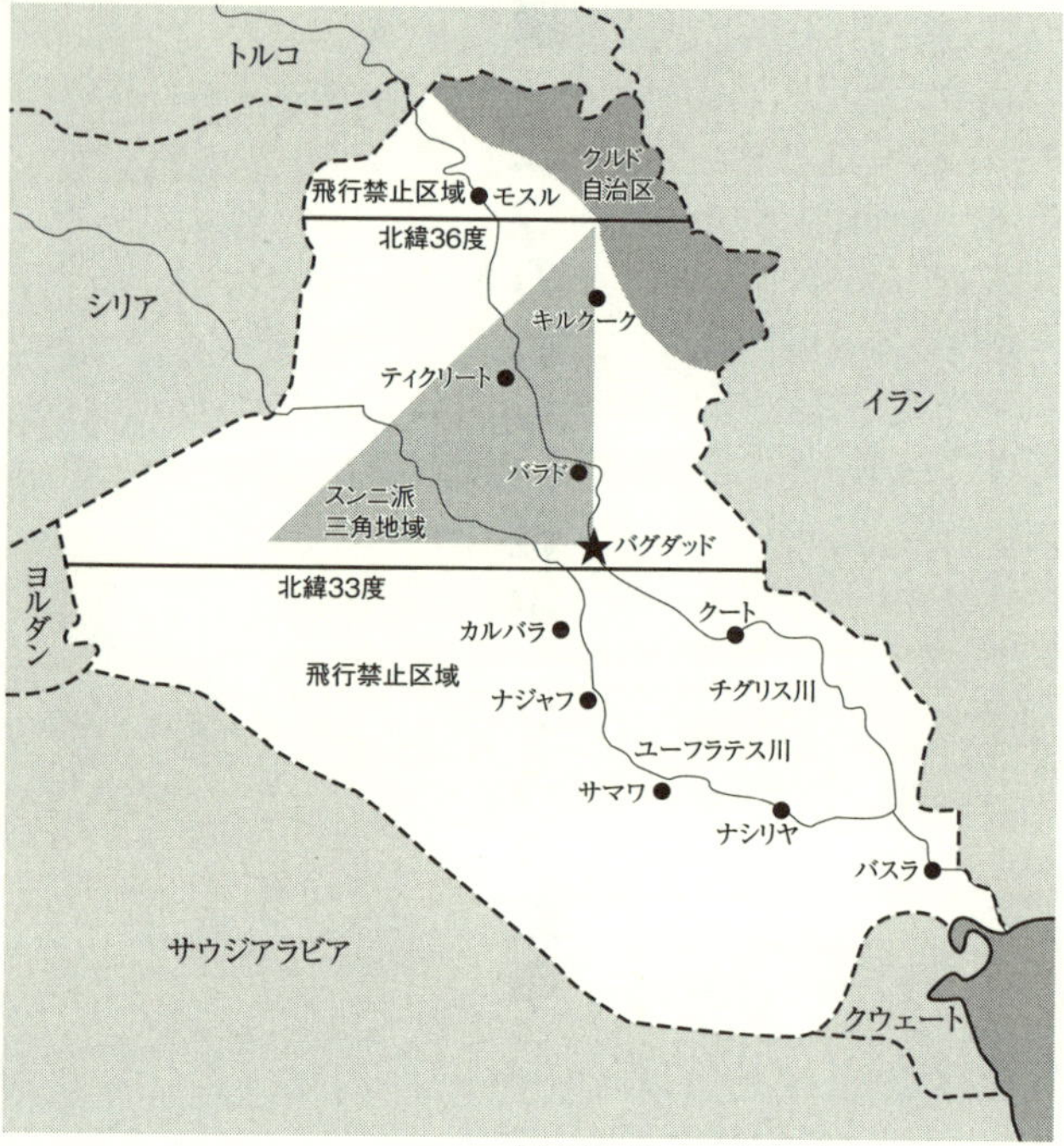

（森本敏『イラク戦争と自衛隊派遣』より）

1 「9・11テロ事件」と新しい戦争のはじまり

「米国本土攻撃」のショック

米国にブッシュJr.新政権が誕生して間もない二〇〇一年一月末、テロ対策大統領特別補佐官のクラークは、国家安全保障会議の主要メンバーに対し、ウサマ・ビンラディンを指導者とするアルカイダはテロ組織のネットワークであり、近い将来、米国に深刻な脅威をあたえる恐れがあることを警告した。そして長官級または閣僚級の会議を緊急に開いて検討することを求めたが、パウエル国務長官とアーミテージ副長官以外はクラークの警告に関心を示さなかった。ラムズフェルド国防長官とウォルフォウィッツ副長官は、一九九三年の世界貿易センタービル爆破事件の黒幕はイラクであり、アルカイダも多くのテロ集団の一つにすぎないという認識であった。

クラークが一月末に緊急要請した長官級会議がようやく開かれたのは、九月四日のことであった。テネットCIA長官とクラークは、アルカイダの脅威は急迫していて、かつ深刻なものであることを訴えた。パウエルは真剣に耳を傾け、ビンラディンが潜伏するアフガンのタリバン政権に対して影響力を有するパキスタンに圧力を加えるための戦略を述べたが、ラムズフェルドはテロの元を断ち切らねばならないと、やはりイラクに関心を示していた。

会議が開かれた一週間後の九月一一日、アルカイダは四機の民間航空機をハイジャックし、米国本土の経済・金融の象徴である世界貿易センタービルに二機を、軍事の象徴である国防総省に一機を突っこませた。もう一機は突入に失敗したが、目標は政治の象徴であるホワイトハウスであったと推定される。その犠牲者は三〇〇〇人を超えた。この9・11テロ事件は、これまで刑事犯罪的にとらえられていたテロの概念を打ち破る、新しい戦争のはじまりであった。

米国は第一次世界大戦以降、脅威をすべて本土から離れた遠方で阻止してきた。米国本土は、大日本帝国もヒトラーの第三帝国も「悪の帝国」ソ連すらも、一指も触れることができなかった。それは大西洋と太平洋に守られた鉄壁の要塞であった。

それが、国家ですらないアルカイダという一テロ組織に属するわずか二〇人ほどのグループによって、経済・軍事の心臓部に大打撃を受けたのだ。米国が怒り狂って、対テロ戦争に奔走することは容易に想像された。

テロとゲリラの違い

テロにしてもゲリラにしても昔からある戦いの手段であるが、それはあくまでも正規戦に付随する補助的手段であった。

ゲリラ戦についていえば、スペイン国民がゲリラ活動によってナポレオン軍に抵抗して成功して以来、弱者の有効な戦争の手段となっていた。ベトナム戦争で、ベトコンが米国をついにゲリラ戦で敗退させた記憶はいまも生々しい。

一方、テロについては、9・11テロ事件以前は主に刑事事件として取り扱われ、軍の任務にすることすら敬遠されていた。

それが唯一の超大国・米国の中枢に大打撃をあたえたことで、いまや有力な戦争の手段として認知されたのである。その後のイラク戦争では、ブッシュが戦闘終結を宣言したあと、わずかなテロ勢力が多国籍軍を向こうに回して第二幕ともいうべき戦争を戦っている。これが、かつてなかった新しい戦争という所以《ゆえん》である。

ここで、テロとゲリラを比較してみよう。テロ組織は少人数の集団であるが、ゲリラ組織は多人数からなる準軍事組織である。テロ組織の目標は一般社会がとうてい受け入れられないものであるため、現実的には既存の政府や社会の破壊による恐怖の支配をめざす。これに対してゲリラ組織は、既存の政権にかわる新たな政権を作ることが目標である。ここから、テロとゲリラの本質的な違いが発生する。

基本的には政権奪取をめざすゲリラ組織は、政権奪取後の正統性と民衆の支持を獲得するため、反政府ゲリラ闘争の過程においても民衆を標的にすることはもちろん、巻き添えにもしないように配慮する。だが、テロ組織は社会に恐怖をつくりだすことが直近の目標であるから、弱い民衆をこそ主な標的にするのである。

テロ組織は民衆のなかにかくれて民衆を標的とするため、その意図や行動を事前に掌握し、措置を講じることが困難である。しかもテロ組織は、守るべき国家も国民ももたないため、軍事や外交手段で抑止することもできない。さらに厄介なのは、高度な交通や情報通信システムを備える先進国ほど、その社会システムがテロの小さな物理的暴力によってダウンさせられる脆弱性をもつことである。

こうして、これまでの歴史上、軍隊がまともに相手にしたことなどなかった見えない厄介な敵との戦いが、二一世紀の世界における重要な課題となったのである。

湾岸戦争のツケ

ここで9・11テロ事件が起きるまでの経緯を概観してみる。

一九九〇年八月二日、イラクのフセイン大統領がクウェートに侵攻して首都を制圧し、翌三日にサウジアラビア（以下、サウジ）国境に近い油田地帯に進出した。このままクウェート侵攻を見逃せば、フセインはサウジ東部の油田をも掌握し、採掘が容易な石油のほとんどを支配することになる。

イラク軍の撃退を決心したパパ・ブッシュ大統領は、外交力を発揮して一〇〇ヵ国以上からなる有志連合をつくりあげ、米国・英国・フランス軍を中心にエジプト、サウジ、シリアなどアラブの七ヵ国の軍隊をもくわえ、約五〇万の多国籍軍を編成した。

多国籍軍は九一年一月一七日から空爆を開始し、二月二四日に地上軍が攻撃を開始した。地上戦が始まるとイラク軍はクウェートから敗走しはじめ、多国籍軍は二六日にクウェートを解放した。ところが、地上攻撃を開始してわずか一〇〇時間後、突然、攻撃中止が命じられた。イラクは国連安保理決議を受け入れ、停戦が成立した。

あと二、三日攻撃をつづけていれば、共和国防衛隊を全滅させることができたはずであった。フセイン体制の中核である共和国防衛隊を失えば、フセイン政権が崩壊する可能性は高かった。攻撃中止によりイラク軍の主力は生き延び、フセイン政権は延命した。

イラク軍が敗走すると、米国の呼びかけに応じて南部のシーア派と北部のクルド人が打倒フセインをめざし蜂起した。だが、フセインは残存した共和国防衛隊を投入して鎮圧した。米軍はこの間、ただ傍観しているだけだった。この結果、フセインは完全に息を吹き返し、米軍はなおもサウジに駐留しなければならなくなった。米軍駐留に反対していたサウジの反体制派は、神聖を汚す行為だと訴えはじめた。そのなかに、イスラム過激派テロ組織の指導者ビンラディンもいた。

パパ・ブッシュが湾岸戦争を早期に停止したのは、米軍の損害が拡大して国内で批判が起きること、フセイン打倒後の受け皿がなくイラクが混乱すること、さらにフセイン政権が消滅するとイランのイスラム革命がイラクに波及することを恐れたためと思われる。だが、この判断のツケがのちのイラク戦争へとまわり、息子がその後始末をする羽目になったのは皮肉だった。また、シーア派とクルド人の蜂起を見捨てたことも、イラク戦争において、とくにシーア派が米軍に協力しないというツケとなってあらわれるのだ。

テロを軽視していた米国

一九九三年のクリントン政権発足とともに、世界貿易センタービルが爆破されたが、CIAもFBIもアルカイダが何なのか、ビンラディンが何者なのか知らなかった。

アルカイダはイスラム原理主義を信奉する世界的テロ組織であり、その活動を支えるグローバルな金融ネットワークと財政システムをもち、多くの者は米国の大学で教育をうけていた。長期的な視野に立って、イスラム原理主義国家を誕生させ、やがてイスラム諸国を統合して偉大なカリフ統治国家を建設する目標をもっていた。

このためアルカイダは、欧米諸国がイスラム地域を虐げているというプロパガンダを広めて、各国のテロリストをジハード（聖戦）に集結させ、さらにテロリストを養成し、何年もかけて攻撃計画を練り、組織を潜伏させ、テロによる暴力と恐怖を駆使するのだ。

九一年にサウジから追放されたビンラディンは、純粋なカリフ統治を打ち立てる目標を共有するハッサン・アル・トゥラビが牛耳《ぎゅうじ》っていたスーダンに移った。だが、エジプトのムバラク大統領暗殺未遂事件を起こしたテロリストを支援して国連の制裁を受けたスーダン政府は、テロへの支援を停止しようとしたため、ビンラディンはアルカイダの本部をアフガンに移して、イスラム国家化をすすめるタリバンの活動を後押しすることを決めた。

九六年春、ビンラディンはタリバンが歓迎するなかアフガンに入った。同地のテロ養成所はビンラディンの提供する資金で運営された。

九八年八月、アルカイダはタンザニアとケニアの米大使館をほぼ同時に攻撃し、大きな損害をあたえた。米国は巡航ミサイルをアフガンに発射し、アルカイダの基地を報復攻撃した。ところが、クリントン政権の閣僚たちは、数百万ドルの巡航ミサイルや爆弾で、たった数十ドルでつくられるアルカイダの施設を破壊することに難色を示し、アルカイダのネットワークに焦点を絞った攻撃を継続しようとしなかった。基地から量産される数千人規模のテロリストが世界中でテロ組織を作っていることを考えれば、あらゆる手段を講じてこの製造ラインを停止させるべきだったのだが、米国民も、マスコミも、議員たちも、基地攻撃に否定的であった。

クリントン大統領が本格的にテロ対策に取り組みはじめたのは九四年からである。大統領直属のチームを立ちあげ、テロ対策予算を年々増加させ、本格的な国土防衛計画を作成した。ところが、テロリズムは法の執行にかかわる問題か、それとも情報活動にかかわる問題かという疑問が未解決だったため、ＦＢＩとＣＩＡの連携が円滑ではなかった。

テロに対処するのに刑事裁判は無力であり、情報活動、軍事力、外交努力など国家の総力をあげて対処すべき新しい戦争であると米国が認識するのはのちのことである。9・11テロ事件以前の軍は、テロとの戦いは自分たちの任務ではないと拒んでいたのだ。

アフガンは制圧したが

ブッシュ大統領は、9・11テロ事件の発生を「二一世紀の真珠湾攻撃が今日勃発した」と語った。この時点で、米国の安全保障に対する重大な脅威が三つあった。

一つはアフガンを拠点として活動しているビンラディンのアルカイダとそれを支援する「無法者国家」、二つ目は大量破壊兵器拡散の危険が増大していること、そして三つ目が中

アフガニスタン戦争関係図

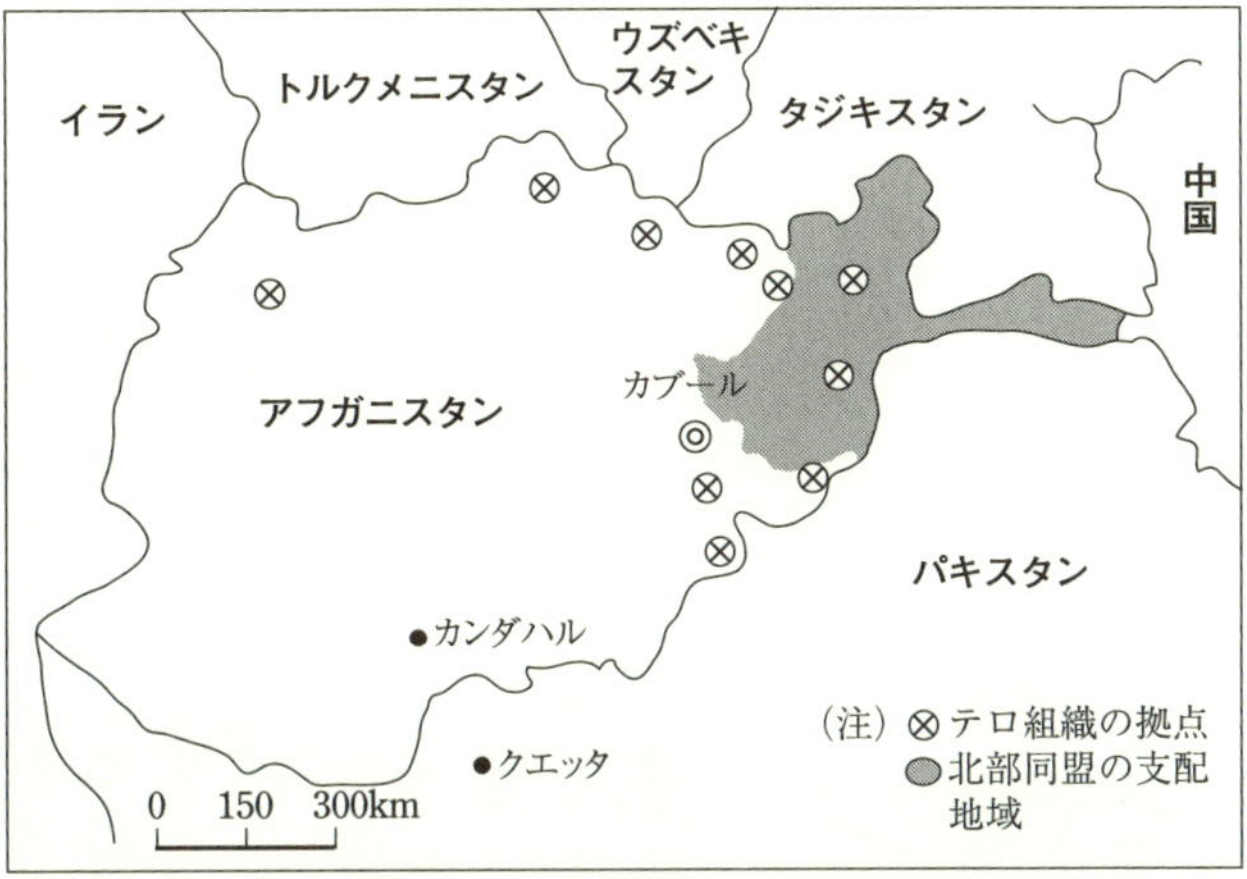

（『NEWSWEEK』2001.10.10号より作成）

国の勃興とその軍事力の増大であった。

だが、中国の脅威が大きな問題になるのは、もう少し先の話である。

このなかで急迫した脅威は、イスラム原理主義テロ組織と、それを支援し大量破壊兵器を開発しているおそれがあったイラク、イラン、北朝鮮の三ヵ国、すなわち「悪の枢軸」であった。米国はこれらの脅威との戦いを「新しい戦争」のはじまりと呼称したのだ。

9・11テロ事件が勃発すると、ブッシュはその日のうちにアルカイダが拠点とするアフガンへの攻撃を決意した。二〇〇一年一〇月七日、米軍はタリバン、アルカイダの軍事施設を空爆し、一九日に特殊部隊が地上戦を開始した。同時に米軍は、タリバンと対峙していた北部同盟を積極的に支援した。米軍の支援をうけた北部同盟は、一一月一三日に首都カブールを制圧し、東部や南部でも反タリバン勢力が蜂起した。

一方、米軍は本拠地のカンダハルや東部のトラボラに展開するタリバンを空爆し、一一月二五日には海兵隊がカンダハル周辺に展開した。米軍と反タリバン勢力は、一二月半ば過ぎにはトラボラ地区を制圧し、一二月末にはアフガン全土をほぼ制圧した。

だが、米国はオマル師やビンラディンなど、タリバンとアルカイダの指導者たちを拘束することはできなかった。このため、アルカイダとタリバンは息を吹きかえし、両者が結合した武装勢力が攻勢を強めている。パキスタンとの国境の山岳地帯では強固なタリバンの支援基地が再建され、イラクで戦闘を経験した原理主義勢力の人口が増えているのである。

心はすでにイラクへ

クラーク補佐官によれば、9・11テロ事件の翌日には国防総省における議論の焦点はすでにアルカイダから離れつつあったという。

チェイニー副大統領は当初、イラク攻撃には消極的だった。ブッシュ自身も就任後の数カ月は中国の脅威を気にしていた。だが、事件がすべてを変えた。ブッシュはテロリストだけでなく、彼らを匿《かくま》う国家も容赦しないと宣言したのである。

CIAはアルカイダがテロ攻撃の実行犯であることを明確に示したが、ウォルフォウィッツはイラクが後押ししたにちがいないと主張した。この国家的な悲劇を利用して、ウォルフォウィッツはテロリストに大量破壊兵器を供給しかねないフセインの脅威を排除すべきだと訴えた。また、ラムズフェルドはアフガンには爆撃するにふさわしい標的がなく、標的のあるイラク爆撃を考慮すべきだと訴えた。こうして事件は、ブッシュ政権の方向性を変えただけでなく、ネオコン（新保守主義）を台頭させ、彼らによって米国はイラク攻撃へと突き進んでいくのである。彼らの思想は、自由と民主主義を世界に普遍化し、同時にアラブ・イスラム世界からイスラエルを防衛するためには軍事力の使用も辞さないというものだった。

アフガン戦争の目的は、事件を実行したアルカイダと、これを支援するタリバン政権を壊滅させ、彼らに脅かされている国家を安定させ、その急進的なイデオロギーに負けない明確な代替案を示し、米国本土への脅威を減らすことであった。この戦争では、英仏独などの同盟国が米国に協力して戦っただけでなく、ロシアをはじめ世界の主要国も同調し、国際的な反テロ同盟を結成することができた。

米国が本来なすべきことは、アフガン戦争の完遂に全力を投入し、アルカイダとタリバンの指導者を捕捉して、組織の中核を壊滅させることだった。それにより、テロ支援国家は必ず叩き潰されることが実証され、世界的なテロ横行の流れに打撃をあたえることができ、そして米国は世界的反テロ同盟の協力をひきつづき享受できる。

これと並行して、テロが多発する各国に積極的に働きかけてテロリスト逮捕に総力を傾注させ、聖域をなくし、資金援助を断ち、これらの国に蔓延する民衆の不満を解消する政策を強力に推進して、テロリストの発生を根元から断つことをめざす。優先すべき国はアフガン、パキスタン、イラン、サウジであろう。

ついで、アフガンでの戦いに協力しているパキスタンのムシャラフ大統領に経済援助と軍事援助をあたえ、実質的にテロリスト養成所となっている神学校にかわる公立学校を設立させるなど、本格的にテロ掃討を支援する。さらにインドとの間の安全保障を仲介して、パキスタンが安定化するよう協力する。

そして、イスラム過激派を強力にする原因となっている、イスラエルとパレスチナの紛争の解決に本腰をいれる。パレスチナ自治政府のアッバス議長の誕生は、イスラエルとの和解をすすめるチャンスとなる可能性がある。また、サウジの穏健なイスラム教徒の多数派と力を合わせて、過激派に対抗するように呼びかけをおこなう。

これらの施策こそが、テロ戦争という新しい戦いに直面した米国がとるべき戦略だったのではないだろうか。

だが現実には、アフガンに一部の米軍を残しただけで、米国はイラク攻撃へと方向転換してしまった。

2　中東民主化の野望

中東の地政学

中東は有史以来一貫して、西欧のシーパワーと大陸のランドパワーとが交錯する要衝地域であった。ユーラシア大陸とアフリカ大陸をスエズ地峡という陸橋がむすんで往来を可能にしていたこと、スエズ地峡とそれにつながるアラビア半島が、地中海からインド洋への海上交通線の障壁となっていることがこの地域の戦略的価値を高めた。したがってその帰趨は古くから、両勢力の発展と衰退の分岐点となっていたのである。この地理的特性は、地形が不変である以上、これからも永久に変わりようがない。

たとえば二〇世紀初頭、ロシアとドイツのランドパワーはオスマン・トルコ帝国の領土

スエズ地峡とアラビア半島の戦略図

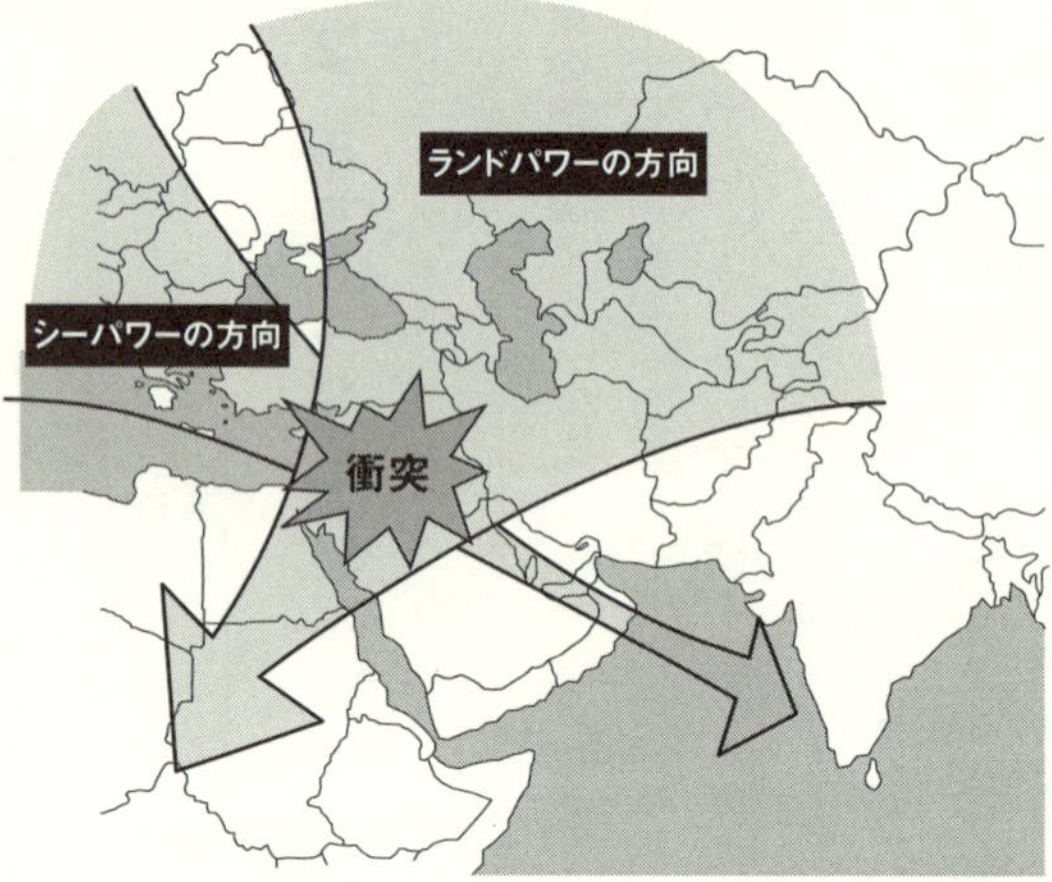

（奥山真司『地政学』より）

解体をめざして中東とバルカンに進出し、英国のシーパワーの優越を脅かして第一次世界大戦へと発展した。第二次世界大戦でも戦場となったし、一九五二年にスエズ地帯で起きた反英暴動の際には、英国は即座に派兵している。

このように各国が武力をもってしても中東の確保をめざし、しばしば戦争を起こしているのは、決してそこが世界有数の石油の産出地という理由からだけではない。まだ動力源が石炭だった二〇世紀の初頭でも、中東はやはり争奪の場となっていたのだ。

各国は、地政学的な交通路の支配権をめぐって対立しているのだ。スエズ地峡をふくむアラビア半島はヨーロッパからアジアへの、さらに北から南のアフリカへの移動地帯として、世界島の中心に位置する戦略上の要衝である。そして、そのアラビア半島の北東部にあり、ペルシャ湾にも面して、かつ中東の中央に位置しているのがイラクである。

ブッシュ・ドクトリンの踏み絵

ブッシュ大統領は二〇〇二年一月の一般教書演説で、大量破壊兵器を開発しているとしてイラク、イラン、北朝鮮の三ヵ国を「悪の枢軸」と位置づけた。そして九月には、三本の柱からなる、ブッシュ・ドクトリンと呼称される「国家安全保障戦略」を発表した。

①大量破壊兵器を入手、使用しようとするテロ組織、テロ支援国家を攻撃対象とする。
②米国は脅威を未然に防止するために単独で行動し、先制攻撃をも辞さない。
③諸外国には主権国家としての責任をもつことを強制し、テロを支援したり、テロリストに根拠地を提供したりすることをやめさせる。

つまり、米国の安全が脅かされていると判断すれば、米国には単独で行動する自由があり、国連の承認などは不要である。また、フセインのような悪者を封じ込めるだけでは米国の安全は守れない。米国の意に沿わない政権は軍事力により打倒して、好ましい政権に交代させることによって、米国がテロ攻撃をうけない国際環境を作っていくというのである。

このブッシュ・ドクトリンの背景には、米国の安全保障戦略の変更があった。米国はテロ組織や無法者国家の脅威に対応するため、本土の安全保障に最重点をおく戦略へと大きく転換した。このため、本土安全保障省を新設するとともに、これまでの抑止だけに依存した戦略を、必要に応じて先制攻撃をおこなう戦略に変えることを決定したのである。

抑止戦略とは、脅威を与えようとする側が、それによって得られる利益よりも報復によってこうむる損害のほうが大きいと判断して断念するという理論である。しかし、このような合理的判断はテロ組織や無法者国家には期待できない。

核戦略でもそれは同じである。旧ソ連などに対しては通用した従来の抑止戦略は、テロ組織や無法者国家が核兵器を保有した場合はまったく通用しない。米国がMAD戦略の基礎となっていたABM条約を廃棄し、BMDシステムを導入したのもそのためだったのである。

大量破壊兵器を所持する疑いがかけられたイラクを国連が査察し、証拠が発見できないでいた〇三年二月五日の国連安保理外相会議で、米国・英国・スペインなどは査察の打ち切りとイラクへの武力行使を主張したが、フランス・ドイツ・ロシアなどは査察の継続を主張して対立した。このときラムズフェルドは、独仏を「古い欧州」と切りすて、東欧を

「新しい欧州」として新たな同盟諸国を求める姿勢を明確にした。

もはやNATOは米国と価値観を共有して行動できなくなっていたのだ。フランス・ドイツにとってロシアは脅威ではなくなり、かつロシアとの間に中欧と東欧という緩衝地帯をもったため、米国からの安全保障上の支援をこれまでのように必要としなくなったからだった。共通の敵を失った同盟のもろさである。これとは逆に、ポーランドなどロシアと国境を接する東欧諸国が米国を支持し、イラクへの派兵に応じたのだ。

それでもブッシュは、〇四年三月一九日のホワイトハウスでの演説で、文明対テロの戦いに中立はないと主張した。ブッシュ・ドクトリンは基本的に変更しないことを明確にし、先制攻撃を軸に敵味方を明確にして対処する意志を示したのである。

米国の大義名分とフセインの誤算

ブッシュ大統領は9・11テロ事件から二年後のインタビューで、「9・11によってアメリカ国民の安全が優先事項になった。……フセインの恐ろしい面がすべて一段と脅威になった。フセインを囲い込んでおくことは無理ではないかと、ますます思えてきた」と語った。事件の衝撃が、過去のフセインの危険な記憶を呼び起こし、脅威という認識に結びついたのだ。

たしかにイラクは、イラン・イラク戦争とクルド人鎮圧において化学兵器を使用したし、湾岸戦争ではスカッド・ミサイルでイスラエルを攻撃した。イラクがある時期まで大量破壊兵器を保有していたことは事実だった。

だが、結果的には、イラクが大量破壊兵器を保有していた証拠は見つかっていない。おそらく、イラク戦争以前のある段階で廃棄処分にしたのであろうが、イラクはいつどこでどのように廃棄したかを証明せず、湾岸戦争以降一〇年間にわたり国連の査察を妨害したり、非協力的な対応をとりつづけた。ここを米国に突かれたのだ。

なぜフセインは、国連の査察に積極的に協力して、大量破壊兵器を保有していないことを証明する努力をしなかったのか。ここに、フセインの誤算があった。

おそらくフセインは、大量破壊兵器を保有していると思わせることにより、イランを牽制し、サウジとイスラエルに脅威をあたえつづけることを狙っていたのではなかったか。さらには、湾岸戦争でパパ・ブッシュがバグダッドまで進撃しなかったように、息子のブッシュもイラク攻撃を決断できないとタカをくっていたようにも思われる。

信じられないような話であるが、フセインには国際情勢を客観的、冷静に判断する能力がなく、あたかも自分を中心に世界が動いているような思考をしていたという。

もっとも、フセインほどではないにしても責任感、プレッシャー、願望などによって、国の指導者といえどもこうした傾向に陥りがちなことは肝に銘じておくべきだ。かつての大日本帝国がそうであったように。

中東民主化構想

じつはブッシュ政権のイラク攻撃には、直接的なねらいの背後に、さらに遠大な目的があった。主要先進国首脳会議（G8）において、イスラム圏中立化をめざす「拡大中東・北アフリカ構想」の承認を取りつけたように、パキスタンからモーリタニアに至る広大なイスラム圏を民主化するという大中東構想を描き、その中心に模範例として民主化されたイラクをすえようと考えたのだ。

構想の実現はもとより容易ではないが、もはやブッシュ政権はルビコン川を渡ってしまった。イラク国民を圧政から解放し、穏健で民主的な社会を築く手助けをしなければならない。幸い、イラクではイラン型の宗教指導者による統治を望む声は少なく、世論調査では九〇％の国民が「いま必要なことは民主主義」と答えている。気をつけなければならないのは、あくまでイスラムの価値観にもとづいたイスラム型民主主義を尊重して、西欧型民主主義を押しつけないことだろう。

だが、イラクのあとに控えるイランは、さらに難題であることを覚悟しなければならない。クウェート侵攻までは米国がフセインを中東における盟友として支援したのも、また湾岸戦争時にパパ・ブッシュがバグダッドまで攻め上がってフセイン政権を取り除かなかったのも、イランのイスラム革命と神権政治の拡大を防ぎたかったからなのだ。

米国がイラクを攻撃するもう一つの理由として、サウジにつぐ世界第二の石油資源の存在があった。米国はじめ西側諸国はサウジの石油に大きく依存しているが、そのサウジはアルカイダに資金援助をおこなっている疑いがある。米国がテロの温床を断つためには、サウジとの関係を後退させても圧力をかけなければならない。さらにサウジ国内は、さまざま内圧と外圧のなかで分裂傾向を強めていて、いつ混乱に陥るかわからないという不安がある。

イラクに親米政権が誕生すれば西側への主要な石油輸出国とすることができ、サウジへの石油依存度を低くすることができる。米軍の駐留も不要となり、サウジでの反米感情が減少してアルカイダへの支持が弱まることも期待できる。

イラク戦争と石油を直接むすびつけた公式の説明はないが、米軍は石油施設を確保する工作を戦争前から実行していたし、石油省や国営石油会社も無傷で残している。イラクの石油確保も戦争目的の一つにあったことはたしかなのだ。

ブレア英首相のねらい

米国を終始一貫して支持し、イラク戦争の一翼を担ったブレア英首相のねらいは何だったのだろうか。ブレアは、基本的に次のような考え方をしている。

冷戦時代も英国は米国との同盟を基礎として世界における役割を果たしてきたが、冷戦後の現代においても世界の指導者として、今後の世界秩序を作っていくうえで重要な役割を果たすべきである。このためには、ほかの諸国と同盟して当たらなければならない。その同盟は米国との大西洋同盟と欧州同盟であるが、米国との同盟がもっとも重要であり、米国との同盟と欧州とのそれが矛盾する場合は米国を優先させる――。

こうした考えは、第一次世界大戦、第二次世界大戦そして冷戦と、米国との同盟のもとに戦ってドイツ、ついでソ連を打ち破り、米英による世界秩序を築いてきた歴史的経験に裏付けされている。そして、海洋国家としての共通の価値観と、マッキンダーやマハンの地政学的戦略を共有してきたことも見逃せないのだ。

したがって、ブレアは二〇〇三年三月二〇日夜のテレビ演説で、イラク戦争の目的を「フセインを追放するとともに、イラクから大量破壊兵器を取り上げること」としてブッシュと歩調をあわせた。また、七月一七日の米議会での演説で「中東で米国と英国による指導体制を確立する」ことがイラク戦争の目的であると述べ、中東民主化構想にも同調した。

こうした考え方は、保守党のサッチャー元首相とも共通している。一九八〇年代、サッチャーは軍事力を重視し、誇りある英国の復活をめざした。現在でも保守党の主流は、この考えを維持しているため、イラクに軍事介入するブレアの政策を支持した。

すなわち、ブレアがイラク攻撃に参加したねらいは、たんに国際テロ組織を粉砕するだけではなく、二一世紀においても米国との同盟を基盤として、米英を中心とする世界秩序を保っていくことにあったのだ。

3　二一世紀の新電撃戦――イラク戦争の第一幕

間接アプローチの極致

イラク攻撃にあたってフランクス米中央軍司令官は、ラムズフェルドの要求に応えて、自軍とイラク国民の損害を極力抑えながら、少数の兵力で短期間にイラク軍を壊滅させてバグダッドを攻略する、「衝撃と畏怖」と名づけた戦略を作りあげた。それは、精密誘導兵器と情報システムを組み合わせることによりイラク政・軍の指導者を直接攻撃して、指揮機能を麻痺させ、戦意を喪失させ、離反者を出させて崩壊させることであった。まさに、リデルハートの提唱した「間接アプローチ」の極致をいく戦略である。

これを実行すべく米国が編成したハイテク軍は、IT技術を用いたネットワークにより情報を戦力化し、精密誘導技術により迅速かつ精密な打撃を加え、テンポの差により敵を圧倒し、少ない犠牲で勝利を獲得することができる。その代表例は、カタールの首都ドーハの司令部で指揮をとったハレル准将の特殊作戦であろう。わずか一二人の特殊部隊チームが、上空で待機する米軍機に目標を指示してイラク旅団を攻撃させ、小部隊で数百倍の敵を撃破する戦果をあげたのである。

フランクスが具体的に作りあげた「イラクの自由作戦」という名の作戦計画は、巡航ミサイルと航空攻撃によってイラク軍の指揮通信組織や重要軍事目標を空爆し、指揮統制を麻痺させたあと、南北の二正面からイラク軍を挟撃してバグダッドを攻略するというものであった。ただし、北から南下する師団の進路となるトルコは米軍の駐兵と通過を認めなかったため、この師団はクウェートに回送し、北上する師団の後方を進撃させた。

それにしても、クウェートからバグダッドまでの約七〇〇キロをわずか三個師団で突進するという計画は、通常は大きなリスクをともなう。だが米軍は、衛星など上空からの画像、通信傍受、CIAの人的情報によって、イラク軍は地上からの強襲に対抗する配備ができていないことを知っていた。現代の戦争では、まず情報戦に勝利することがもっとも重要な要素であり、次にスピードであり、そして人命の損害を極力小さくすることなのだ。

あっけない戦闘の終結

イラク戦争の第一幕は、二〇〇三年三月一九日夜、フセインの潜む地下壕への巡航ミサイル攻撃で開始された。二一世紀の戦争は、大統領と首脳部の抹殺をダイレクトにねらう断首攻撃という、これまで考えられなかった着想から始まった。

翌二〇日早朝、米軍は巡航ミサイル・航空機の精密誘導攻撃によって、イラク軍の指揮統制・通信組織を破壊し麻痺させた。同時に、米第三歩兵師団と米第一海兵遠征軍はイラク軍陣地を迂回して、バグダッドに向かって突進を開始し、第一〇一空挺師団と特殊部隊が西部・北部の後方地域を攻撃し、南部油田地帯の安全を確保するために行動した。また、英軍はバスラの攻略をめざして進撃を開始した。

このように戦闘は、ほぼイラクの全域にわたって同時におこなわれ、旧来の彼我が対峙する前線に火力を集中して攻撃を繰り返す戦闘とは大きく異なるものだった。しかもピン

イラク戦争作戦経過概要図

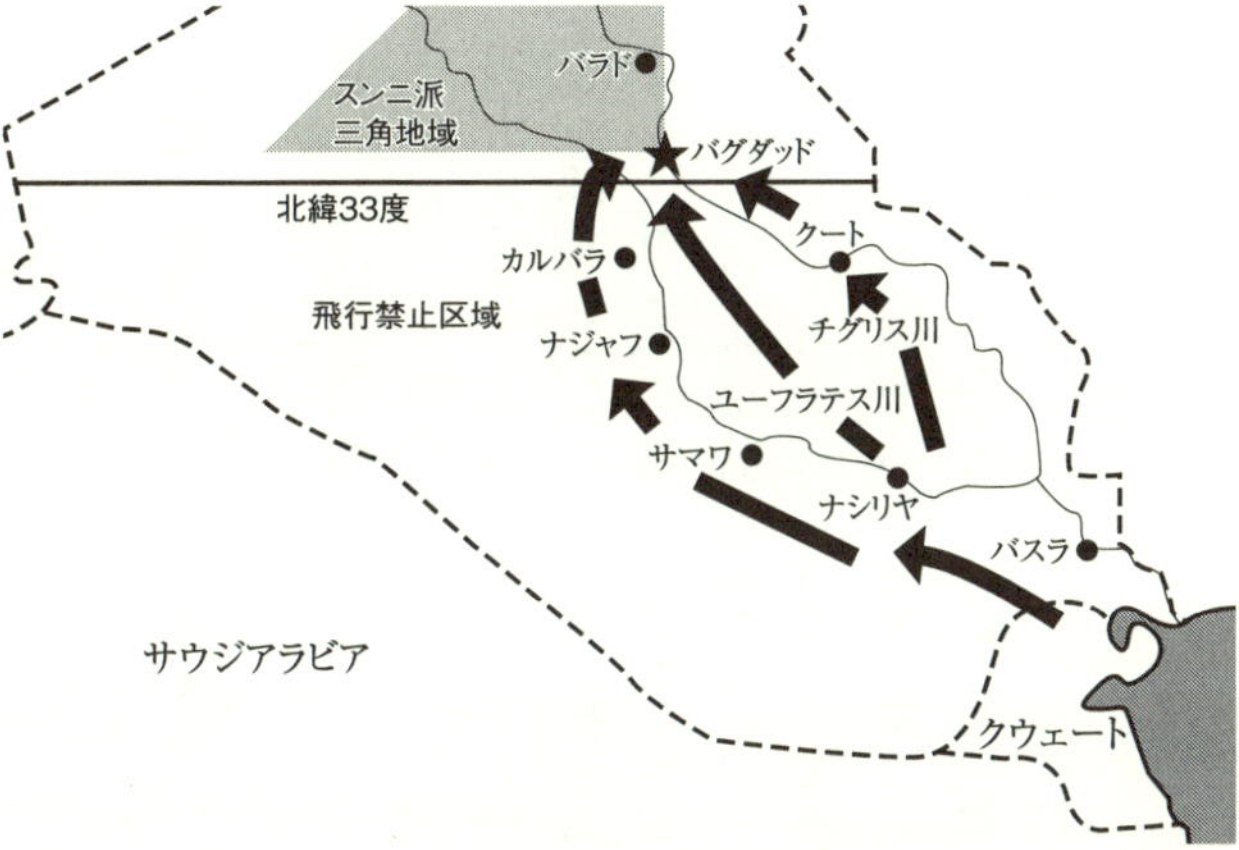

ポイント攻撃の目標は、敵の司令部・通信施設など指揮統制組織であり、敵の頭脳に衝撃を与えて麻痺させて、敵を烏合の衆と化して無力にしてしまうのだ。

米地上軍の進撃は途中、砂嵐に襲われて四日間停止しただけで、四月七日にはバグダッドの中央省庁官庁街を制圧した。英軍も六日夜にバスラ中心部を制圧した。その後、主要都市を占領して、五月一日、ブッシュ大統領がイラク戦争の戦闘終結を宣言したのである。

イラクという中東の大国を、わずか四個師団基幹の兵力をもって、しかも四二日間という短期間で制圧した。まさに、軍事革命によって建設されたハイテク軍が、フセイン政権の中枢部を潰し、指揮統制組織を麻痺させて、「衝撃と畏怖」をあたえたのだ。そして、デジタル化した精密誘導兵器によってイラク住民と味方の損害を最小限におさえ、敵との正面衝突を避けて目標に突進する間接アプローチ戦略の精華をはなったのである。

不可解なイラクの防衛態勢

フセインが採った防衛態勢は、共和国防衛隊などの精鋭部隊をバグダッド周辺に配置し、南部方面はチグリス、ユーフラテス川沿いの二本の主要道路を中心に重点的に配備して米英軍を迎え撃ち、北方に対しては、二ないし三個師団でトルコ国境沿いに備え、主力はクルド人に備えるというものであった。

そして頻繁に民兵の訓練をおこない、挙国一致を国民に訴える。米国に対しては、メディアを通して自爆テロ実行者の存在をほのめかし、イラク国内に深入りすればゲリラ戦を展開することを示唆して、攻撃を回避するように圧力をかけた。

しかし、フセインが拘束された時の状態や、その後のテロやゲリラ戦の情況をみると、フセインの指揮のもとに大規模なテロやゲリラ戦を展開する態勢ができていたとは思えない。見ようによっては、イラク軍の南部の配備はイランに備えたままともとれるし、北部はクルド人に備えている。全体として、いったい本気で米英軍の攻撃に備えていたのか、という疑念が湧いてくるのである。

フセインは、フランス・ドイツ・ロシアの反対や国連安保理の状況などから、米英の攻撃が実行されないことに期待をかけていたふしがある。が、それでも米英が戦争に訴えた場合、どのような戦争指導を考えていたのだろうか。

イラクは湾岸戦争での敗北とそのあと約一三年間にわたる経済封鎖などによって、戦力は敗戦前の水準に回復するどころかさらに低下し、旧式化していた。こうした戦力で正規戦を戦っても、米英軍を撃退することはできない。唯一の方策は、各種の手段を用いて長期の消耗戦に引き込んで出血を強要し、米国内の厭戦気運を醸成し、反戦運動を激化させて戦争の継続を断念させることであった。

そのためには、バグダッドへ通じる橋という橋を爆破し、ダムを破壊して洪水を起こし、あるいは油田に火を放ち、防御部隊は市街地を守って市街戦を強要し、攻撃部隊は立ち往生した米英軍を襲撃し、後方地域では大規模なテロ攻撃を展開して、米英軍と民間人に多量の出血を強要するテロ・ゲリラ戦を組み合わせることであった。また、イスラエルを挑発して参戦させ、全アラブの聖戦に転換させることであった。

おそらく、フセインはこうした方策を準備していたと思われるが、開戦劈頭《へきとう》のイラク指導部をねらった断首攻撃と指揮統制組織へのピンポイント空爆により、イラク指導部と軍は指揮統制組織を壊滅されてしまった。イラク軍の各級指揮官たちは、命令もなく、米英軍の状況も不明なまま混乱して、組織的な抵抗をおこなうことができなかった。独裁政権下の軍隊では、各級指揮官の独断専行が認められていないのだ。

ハイテク戦争の勝利

これに対して、米軍の指揮官たちは戦場の様子が手に取るようにわかっていた。偵察衛星、無人偵察機、各種のレーダーを搭載した地上目標監視機などの最新のハイテク機器は、統合作戦センターだけでなく、前線部隊の各指揮官にも情報を提供した。また、部隊間の連絡に要する時間も劇的に短縮された。湾岸戦争では、バグダッドの攻撃目標に巡航ミサイルの照準を合わせるのに三日ほどかかったが、イラク戦争では地上の特殊部隊が情報を送ってから目標を攻撃するまで四五分だった。

ダムや油田については、開戦前に特殊工作員が潜入して行動していた。ダムが決壊された場合に備えて念入りな調査をおこなっていたし、油田の管理者に多額の現金を渡して油田を閉めさせていた。それにくわえて、橋やダムを破壊するイラク軍の動きを封じ込める奇襲攻撃もおこなわれたようである。また、宣伝ビラを手に投降してきたイラク将校がいたように、心理戦がイラク軍の戦意を挫いてもいた。

このようにイラク戦争の第一幕では、フランクスがラムズフェルドの合理主義にもとづいた過酷な要求にみごとに答えた。その成功は、もはやどの国の軍隊もハイテク化された米軍に対抗できないことを見せつけるものだった。大国の核戦力が相互抑止によって使えない兵器となった現状においては、ハイテク化された米国通常戦力のひとり舞台となった。英軍でさえもハイテク米軍のテンポについていけないため、クウェートに近いバスラの占領という独立任務があたえられたのだ。

だがハイテク戦争の陰には、旧来の諜報《ちょうほう》・謀略活動や特殊部隊による隠密作戦の支援があったことを忘れてはならない。できるだけ犠牲を出さずにフセインを倒す作戦成功のカギは、兵器ではなく心理戦であった。CIAはイラク軍首脳のメールアドレスや電話番号を調べあげ、警告のメッセージを何度も送った。また、米政府はイラクの元将軍を仲介者にして、複数のイラク軍司令官と降伏の条件を話し合った。そのなかには、最強の精鋭部隊でフセインにもっとも忠実とされた特別共和国防衛隊の指揮官も含まれていた。

こうしたハイテクと心理戦の成果が重なって、比較的大規模な作戦であったにもかかわらず、イラク国民だけでなくイラク軍にもあまり大きな人的被害を出さなかった。ベトナム戦争では空爆によるだけで六万五〇〇〇人もの民間の被害を出したのと比べれば、新しい戦争の特色がわかるというものだ。ちなみに米軍の戦死者は一三八人である。

模範的な「政治の継続としての戦争」

「イラクの自由作戦」は、数々の政治的注文を具体化して練り上げられた。まず作戦目標として、フセイン政権の打倒、大量破壊兵器の特定・確保・破壊、テロリストの拘束と駆逐、油田と資源の確保、イラク国民による自治政府への支援など、きわめて政治色の強い目標が設定されていた。これらのほかにも政治的な目標として、早期の決着、イスラエルの参戦阻止、反フセイン勢力の蜂起、民間人の被害の局限、インフラの保護がくわえられている。まさに政治的要求のオンパレードである。

従来であれば、「イラク軍を撃破してバグダッドを占領せよ」というあたりが目標であり、あとは、作戦地域はイラク国境内に限定する、戦術核を使用しない、といった程度に作戦の大枠が示されれば政治はうしろに退き、その枠内で目標を達成するために、軍事プロパーが自由に計画した。

ナポレオン時代以降の戦争では、国民国家の出現により可能になった兵力の大量動員を背景として、損耗をいとわない決戦戦争によって敵の抵抗力である野戦軍の撃滅を追求できるようになった。つまり、「政治」がその目的を達成するための手段として戦争を選択すると、敵の抵抗力である野戦軍を撃滅するまで、「軍事」が主役となって「政治」は脇にかくれていた。そして戦いが終わると、その成果をひっさげて「政治」が主役に返り咲き、和平交渉に臨んでその目的を達成した。

ところがイラク戦争では、「軍事」がその作戦のすべてにおいて、「政治」の具体的な個々の要求を達成するために行動する。つまり、戦争においても主役は「軍事」ではなく、あくまで「政治」であるという、フリードリッヒ大王時代の戦争に戻ったのだ。このことは、「政治」の判断が適切でなければ、戦闘における「軍事」の勝利も戦争目的達成に寄与できない時代が再来したことを意味している。

4 テロとの戦い──イラク戦争の第二幕

終わりなき対テロ戦争

第二次世界大戦までの戦争であれば、イラク軍を撃破してブッシュ大統領が戦闘終結宣言をした二〇〇三年五月一日をもって戦争は終結したはずであった。ところがイラクでは、そこからテロ戦争というもう一つの新しい戦争が始まったのである。

五月末になると、スンニ・トライアングル（バグダッドとラマディ、ティクリートを結ぶ三角地域）において、スンニ派武装勢力による米軍へのテロ攻撃が頻発するようになった。七月末に北部モスルに潜伏していたフセインの長男ウダイと次男クサイが米軍の襲撃によって死亡し、一二月一三日にはティクリートに潜伏していたフセインが拘束されたが、テロ攻撃はいっこうに鎮静しなかった。

スンニ派武装勢力のほかに、外国から侵入したイスラム過激派テロリストもくわわり、シーア派のサドル師などの権力闘争的側面も重なって、ここにイラク戦争は第二幕の火蓋が切られたのである。それは、対米ジハードに地域問題、権力闘争などの異なる要素が重なりあう、複雑な様相を呈していた。

一方、フセイン打倒後の受け皿も、戦後の青写真もなかった占領政策は混乱を極めていた。それでも〇五年一月の暫定国民議会選挙に成功し、四月には移行政府が発足して政治プロセスは新段階に入ったが、新内閣はシーア派・スンニ派・クルド人など派閥間の軋轢《あつれき》があり、復興の遅延や治安の悪化など課題は山積している。五月末には、イラク治安部隊四万を米軍一万が支援して武装勢力の大規模掃討作戦が実施されたが、依然として治安の悪化に歯止めをかけられなかった。

戦争開始以降、米軍の犠牲者数の累計は、〇五年六月なかばで一七〇〇人を超えたが、戦闘終結宣言後の〇四年六月から一年間の犠牲者は八二五人とその半分に近い。テロ戦争の激しさがここに表れている。

バグダッド陥落までは圧倒的な力を見せつけた米軍が、その後のテロ戦争をなかなか終結できない原因はどこにあったのだろうか。

アフガンからイラクへ転じた誤り

ソ連の崩壊により、世界は米国主導の一極時代に入った。米国の価値観を共有する国々にとっては、基本的に平和な時代といえる。だが、価値観を異にする「無法者国家」や国際テロ組織にとってそれは甘受できない時代の到来だった。彼らは大量破壊兵器を保有し、テロを支援したりテロ活動を実行したりして反抗をはじめた。米国は一極秩序を守るために、これらの芽が大きくならないうちに摘み取る先制攻撃に出た。それがアフガンとイラクである。

9・11テロ事件を起こしたアルカイダの司令部と基地があるアフガンの攻撃は、フランス・ドイツ・ロシアをはじめ多くの国から支持された。アルカイダのテロ攻撃が文明国に対する挑戦として、これとの戦いの正当性、価値観が共有されたからだ。だが、イラク攻撃については、米国の同盟国内でも賛否が分かれた。

イラク開戦前夜の二〇〇三年二月八日、ドイツのフィッシャー外相はＮＡＴＯ諸国の参戦を要求するラムズフェルドに対して、「アフガニスタンのテロリスト掃討もかたづいていないし、明日、欧州のどの都市でテロが起きるかもわからないのに、なぜイラクか」と詰め寄ったという。これは「古い欧州」の一言で片づけられる問題ではない。イラク戦争の大義もさることながら、大戦略としての政治という見地からも間違っている。

9・11テロ事件を起こしたビンラディンや副官ザワヒリがいるアフガンとパキスタン国境の山岳地帯をそのままにしてイラクに大軍を投入することは、戦いの原則である「目標の統一」と「戦力の集中」に反している。テロとの戦いの要訣《ようけつ》は、軍事面ではテロの実行中枢と支援組織を叩き潰し、テロのネットワークが拡大していく流れを食い止めることであり、政治的にはテロの温床となる民衆の不満を改善していくことである。それは、少なくとも数年を覚悟しなくてはならない長い戦いとなる。

テロとの戦いという戦争の大義とイラク攻撃は一致しない。仏独両国が協力しないのは、イラクにおける自国権益が失われる側面もあるが、本質的には戦争努力の指向方向が狂っているからだ。米国はまず、アフガンで模範的回答を示すべきだった。

イラク戦争を泥沼化させた「政治」

「政治」が「軍事」に示す戦争目的と要求や制約が間違っていれば、「軍事」がいかに努力しても戦争目的は達成できない。第二次世界大戦時の日本では、「軍事」が暴走して戦争へと導いて敗れたため、「軍事」は悪そのものであり、すべての責任を「軍事」に負わせて追放した。だが「軍事」を暴走させたのは「政治」の責任でもあるのだ。

米軍は作戦能力と軍事技術の革命によって、正規戦に勝つことは以前よりもはるかに容易になった。だが、一つの国に民主的な制度を築き、政治風土を変え、人々の気持ちを新しい方向に向けていくことは、複雑で困難な戦いである。これは「軍事」ではなく「政治」の仕事である。

イラク戦争においては「政治」が決定的な誤りを犯した。その最大の誤りは、戦争目的を完成させる戦後イラクの青写真を確定することなく、かつフセイン打倒後の受け皿を成り行き任せのままにして戦争を始めたことである。治安を確立して新国家を再建するためには、主要なイラク人勢力のすべてが、みずからの居場所を見いだせるような政治・社会的システムを作る政治的努力が必要である。

ところが、米国はまともな戦後イラク復興の青写真をもっていないだけでなく、連合暫定占領当局には、イラクの政治や社会を理解するのに必要なアラビア語の専門家、地域専門家が少なかった。そして数少ない彼らも重要な意思決定からは除外されていた。

すべての原因はここに帰着するが、つけくわえれば、戦闘終結直後のイラク民衆に対する人道的支援の欠落と治安確立の失敗がある。

イラク民衆に十分な食料や水をあたえ、医療支援を施し、水道・電気などのインフラを修理する人道的支援を迅速におこなわなかったことが、フセインの圧政から解放された民衆のせっかくの歓迎ムードを、米軍への不満、米国への不信の渦へと変えてしまった。また、戦闘終結直後の治安確立の失敗が、イラクの暴力的傾向をとめどなく拡大させてしまったのだ。

投入されなかった兵力

米軍が迅速な人道支援の実施と戦闘終了後の治安の確立に失敗した理由には、ラムズフェルドと文官の側近たちが、それらに必要な兵力をあたえなかったことがある。シンセキ米陸軍参謀総長が議会で証言したように、最低でも三〇万、できれば五〇万の兵力が必要であった。

少数精鋭のハイテク部隊は正規軍を撃破することは容易であるが、住民のなかにまぎれてどこにいるかわからないテロリストたちと戦うには、旧来の歩兵部隊を中心とした多数の兵力が必要である。また、人道支援のためにも工兵や補給や医療などの技術支援部隊が必要なのだ。だがラムズフェルドは、軍事革命を推進して兵力数を削減してきたため、所要の兵力数を投入することを認めなかったのだ。

前暫定政府当局上席顧問のラリー・ダイヤモンドが指摘するように、三〇万規模の兵力があったとしても、部隊の編成を変え、活動内容を変更する必要があった。都市部のパトロール、群衆の管理、都市部やインフラの再建・復興、平和維持、これらのための部隊をもっと投入すべきであった。また、シリアとイランの国境沿いに、外国からのテロリスト、資金や兵器の流入を阻止する部隊も配備すべきだった。

ところが、国防総省の政策立案者たちは最悪の事態に備えるどころか、イラクはみな米英軍を解放者として熱烈歓迎するものと甘く考えていたのだ。

部隊が不足する米軍は、暴徒たちが個人の資産やインフラを組織的に略奪し、破壊するのを前に立ちつくすしかなかった。しかも、そうした暴力は社会秩序の崩壊がもたらした一時的現象ではなく、その後、米国の占領に対する抵抗へと発展していった。

だがブッシュ政権は、それらが明らかになったあとも、頑迷に部隊増派を拒絶するという間違いを犯しつづけたのである。

この件については軍にも問題があった。第一〇一空挺師団の作戦計画立案担当であったアイゼアア・ウィルソン少佐は、米軍がイラク占領と安定化のための正式な作戦計画を作成したのは、バグダッドが陥落してから半年以上もたった一一月であったと語っている。米軍は戦争をあまりにも狭くとらえていて、軍幹部の関心はもっぱらフセイン政権の打倒のみにあり、その後の占領と安定化は他人の仕事のようにとらえる傾向があった、と指摘しているのである。

さらに続く「政治」の失敗

投入した部隊規模が不十分であるなら、イラク人による軍や警察の創設を急ぐべきだった。そのもっとも効率的な方法は、イラク軍のなかのフセイン政権との繋がりが薄い将兵を、できれば部隊単位で新国軍に転換、採用することであった。だが、ブレマー文民行政官はイラク軍を解体し、将兵を失職させて、いたずらに敵側に追いやってしまった。また、バース党員を追放したことも行政機能を麻痺させ、インフラ再建や経済復興を遅らせてイラク国民の反米感情を促進することになった。

かわりに警察官や治安部隊の兵士を新たに採用したが、これらが戦力として役立つようになるには時間がかかる。ところが兵力不足と、イラク人を前面に立てることを急ぐあまり養成が不十分なまま使用したため、テロリストの格好の標的となってしまった。

開戦前にまっとうな戦後の青写真をもたなかったことと、戦闘終結後のイラク軍解体とバース党員追放は、戦争目的を完成させるうえでの致命的な失敗であった。ブッシュ政権の政治家や官僚は、あまりにもイラクの国情と軍事を正しく理解していなかった。

二〇〇四年六月二八日の米国による占領の終わり、暫定国民議会選挙の成功、移行政府の成立が、新しい始まりという機会を作り出したことだけは間違いない。だが、これは新しい政治体制、憲法を制定していくプロセスの始まりであって、決して戦後の終わりではないのである。

米国が撤退すれば、平和的な政治競争がおこなわれるどころか、イラクが内戦に陥っていくおそれがある。そうなれば影響力の拡大をねらうイラクの近隣諸国が介入し、石油の安定的な生産と供給が脅かされ、テロリストが巣くう破綻国家へと転落する危険もある。イラクの治安部隊がみずから治安を確保できるようになるまで、米軍はイラクでのプレゼンスを維持していくことが必要であり、また責任もあるのだ。

治安維持における「軍事」の失敗

対テロ戦争においては、軍の作戦にもいくつかの失敗があった。

第一は、フセイン打倒の第一幕である「イラクの自由作戦」に気をとられ、対テロ戦争に注意を向けなかったことである。

第二は、バグダッドをはじめ主要都市を解放したときに、暴徒の略奪・破壊を放置したことだ。この社会秩序の崩壊を見逃したことが、テロ勢力につけいるスキをあたえてしまった。兵力が少なかったことに根本的原因があるが、部隊の目の前での出来事を放置したことは失敗であった。

第三は、テロリストの大規模掃討作戦が、実施される前から世界中でニュースとなって知られてしまったことだ。当然、テロリストたちは米軍の攻撃前に逃走するから、攻撃は空振りとなって彼らは全土に拡散し、作戦が終わればまた戻ってくるだけだった。

第四は、能力不十分なイラクの警察や治安部隊を直接配備にあてて、米軍を市街地などから郊外へ撤退させたことだ。イラク人の反感を弱めるために撤退させることは必要であるが、イラクの警察や治安部隊の能力強化に応じて段階的におこなうべきだった。反米感情を気にするあまり、現状を無視して急いでしまった感はぬぐえない。

暫定国民議会選挙の前後から、イラク住民による米軍への攻撃は下火になり、スンニ派武装勢力やザルカウィなどのイスラム過激派勢力による警察・治安部隊や市民へのテロ攻撃と、分離してきている。米軍はつとめて後者の掃討に集中すべきであろう。

また、イラク全土の主要都市に十分な兵力を配置することは不可能であるから、イラク治安部隊の訓練に高い優先順位をあたえて、その養成を急ぐことだ。米国は二二万六七〇〇人のイラク治安部隊の組織化を考えているようである。報道によれば二〇〇四年一月の段階で治安部隊は二〇万六六〇〇人に達したというから、頭数はそろいつつある。

だが、イラクにおける問題の本質は、軍事的なものではなく、復興のための施策と治安確保の相関関係からなる政治的なものだということを強調しておきたい。

対テロ戦争においても主役は「政治」

イラクで戦われている対テロ戦争は、従来からの社会の一部を混乱させるだけのテロとは異なり、強力な正規軍にも匹敵する抵抗力をもって、超大国アメリカを向こうに回して戦っているという点において新しい戦争なのである。

対テロ戦争が困難なのは、国家対国家の戦争のように明確な目標がなく、戦いの対象を捕捉することが難しく、いつ始まりいつ終わるのかも不明瞭なためである。さらに従来の戦争のように、武力行使がおこなわれる特定の戦場が限定できない。

そのうえ、スペイン・マドリードの列車爆破事件、ロンドン同時多発テロ事件のように、当事国のイラクだけではなく、世界各国の人々の日常生活にも攻め込んでくるのだ。

また、この新しい戦争は厄介なことに、敵がイスラム過激派勢力、スンニ派武装勢力、サドル師のマハディー軍など雑多であって統一された中枢がないため、戦争を抑止することもできないし、戦争終結の交渉もできない。そして、敵は民衆の日常生活のなかに隠れているため、根絶やしにすることも不可能である。これらの要素が、非対称戦といわれるゆえんである。

軍事作戦だけではテロを撲滅することはできない。テロ組織の資金源を断ち、テロリストが訓練したり休養する基地を取り除いていかなければならない。さらに重要なことは、民衆がテロ組織に参加したり支援することを拒否するように、政治・経済・社会活動にわたって善政をおこなうことである。この政治工作を主体として、これを支援するように軍事作戦をおこなうことが対テロ戦争の要諦なのである。

善政とは、水道・電気など国民生活や経済活動のインフラの復旧を急ぎ、学校教育を再興させ、経済の復興事業をスピードアップして、イラク国民に職場をあたえるなど、包括的な施策をおこなうことである。これらの施策は、まず比較的治安が安定している南部や北部地域からとりかかって、その地域を逐次に拡大していくべきだろう。イラク治安部隊や多国籍軍は、この活動を守ることに重点を移すことである。

こうしたイラク国内での戦いとともに、イスラム過激派勢力がテロに走る根本的原因となっている問題、すなわちイスラエルとパレスチナ、インドとパキスタンの間の根深く困難な紛争の解決にむけて、米国は積極的に行動すべきである。マーシャル・プランの中東版を国際的な支援のもとに適用して、暴力と政治的不安定の原因を断つことである。

このように対テロ戦争とは、「政治」そのものが主要な手段であって「軍事」はあくまでも補助手段であるという、政治戦争の舞台なのだ。イラク戦争の終わりが見えないのは、政治・経済・社会活動にわたって「政治」がうまく機能しないためであり、すなわち「政治」の責任そのものなのである。

地政学的変動の引き金か

イラク戦争は従来の地政学的な国際関係をも変えつつある。米国が冷戦をともに戦ってきたNATOの主要国、フランス、ドイツなどの反対を押し切ってフセインを打倒したダイナミズムは、地政学的変動の引き金を引いたということができる。

第一の変動は、国際関係の基本的枠組みが変化しはじめたことである。

米国が東欧諸国、とくにポーランドとの同盟関係の強化に動きだしたことは、ハートランドの中軸に直接手をふれたことを意味する。そして、イラク戦争に協力した英国、オーストラリア、日本などとの同盟関係が強化され、新たな海洋国同盟が動きだしたのだ。

こうした同盟関係の変化は、各国が直面する脅威の動向に左右されている。9・11テロ事件の標的となった米国にとっては、テロこそが脅威であり、その延長線上にイラク戦争があった。一方でフランスやドイツは、東欧諸国がNATOに加盟してロシアの脅威が弱まったため、米国との同盟の重要性は相対的に低下した。だが、東欧諸国にとっては国境を接するロシアはやはり脅威であり、米国との同盟は大きな意味を持つ。それは最大のイスラム国家インドネシアと接するオーストラリア、中国や北朝鮮の脅威がある日本も同様である。

だが独仏にしても、マドリード列車爆破事件が起きてテロの脅威を身近に感じると、テロ防止のEU緊急会議を提案し、イラク復興支援への協力を約束しているのだ。

こうしてみると今後の国際関係は、米国と価値観を共有してともに戦う新たな同盟諸国と、米国と価値観を共有できない無法者国家や国際テロ組織との対立を軸にして動き、その中間にかつての同盟国や、ケースバイケースで協調行動をとる第三国が存在するという構図になろう。そのなかでも、イラク戦争の第一幕で米軍の威力を見せつけられた中国は軍の近代化促進に力を注ぎ、その脅威を感じる新海洋国同盟との対立の構図が顕著になっていくだろう。

第二の変動は、「不安定の弧」に位置するイラクが民主化に向けて動きだしたことが、これまで武力行使という厳しい現実にばかり推移してきた中東地域に、新しい政治システムと国際関係をもたらしつつあることだ。

中東各国の指導者たちは、この変化に敏感に反応して、水面下で生き残りのための行動を起こしている。エジプトのムバラク大統領は、大統領選挙に複数候補者が出馬できる改憲案を提案した（五選を狙うムバラクがまとう「民主化の衣」ではあろうが）。サウジでは二〇〇五年二月、建国以来初の選挙となる地方行政区評議会選挙がおこなわれた。

シリアもイスラエルとの和平に向けて動きだし、トルコやイラクとも関係改善に乗り出し、レバノンから軍を撤退させた。またイランは、核施設への国際原子力機関の抜き打ち査察を受け入れる追加議定書に署名し、サドル師がマハディー軍を率いてナジャフに立て籠もったときは、これを見捨てた。聖都ナジャフへの米軍の侵入は、シーア派の感覚からすれば糾弾して聖戦に訴えるべき出来事のはずだった。

これまで、中東の民主化とテロの撲滅は基本的に矛盾する構造をもっていた。米国の対テロ戦争にもっとも寄与したのはサウジ、ヨルダン、エジプトなどの専制国家の治安機関や秘密警察だった。現地の情報や言葉に通じた彼らの協力なしに、CIAが単独でアルカイダと戦うことは不可能だった。しかし彼らはアラブ世界においては、民主化運動を惹起《じゃっき》しかねない反体制派を弾圧する中核でもあるのだ。

第三の変動は、無法者国家と名指しされていたリビアのカダフィが、イラクの二の舞になることを恐れて大量破壊兵器開発の全面廃棄に同意したように、テロ支援国家にも変化をおよぼしつつあることだ。こうした中東の動きと連動して、ハートランド周辺部の中央アジアに民主化ドミノともいえる動きが起きることで、二一世紀前半の新たな国際秩序の形成に向かう鼓動が感じられるのである。

第九講　アジア太平洋の戦争学

中国の影響圏

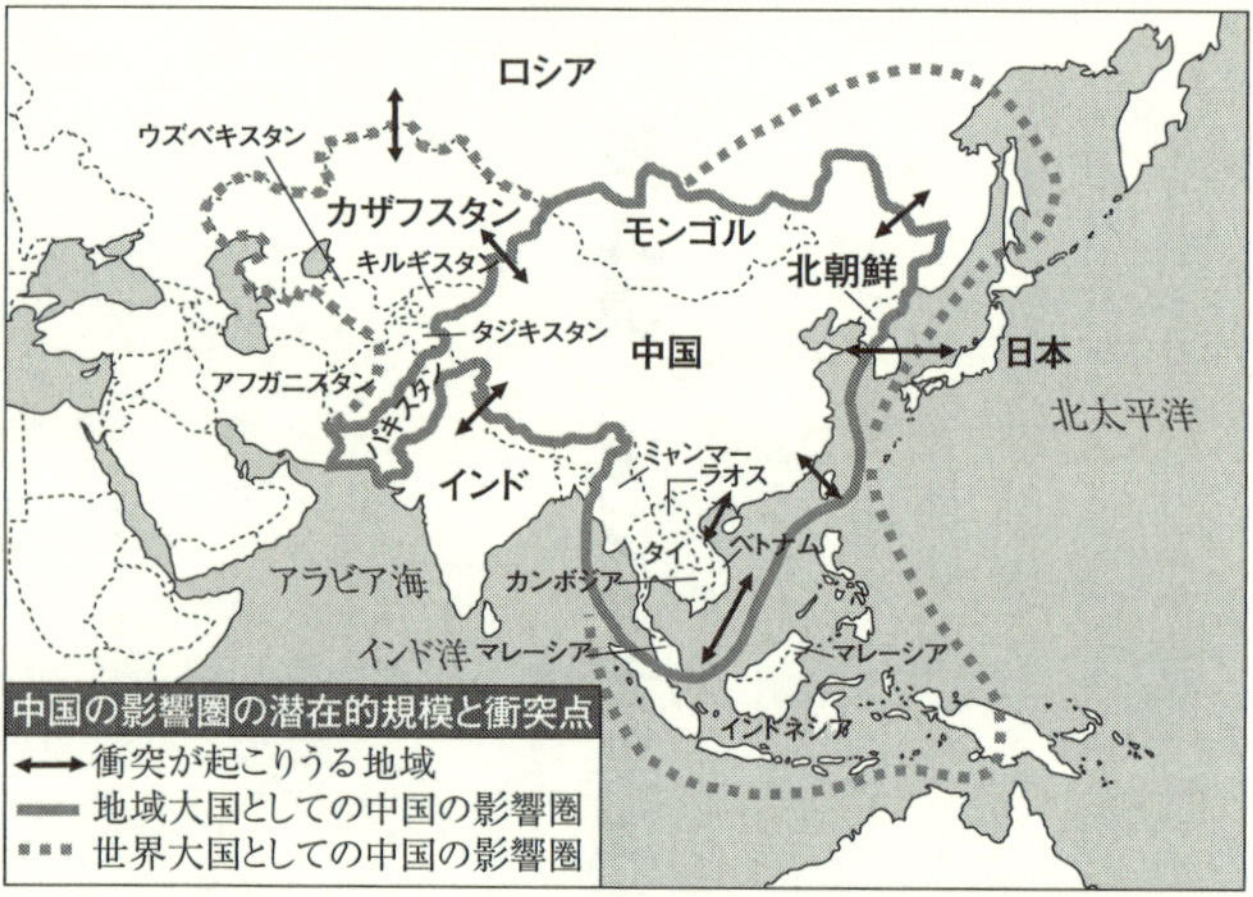

（ブレジンスキー『地政学で世界を読む』より）

第一・第二列島線要図

1 アジア太平洋の地殻変動

「中華」という覇権への野望

米国の政府機関である情報評議会が作成した文書「2020年プロジェクト——未来の地球地図」は、二〇二〇年になると中国とインドが生産と貿易、新技術、軍事力を拡大し、大国として台頭してくると予測している。中国が圧倒的な力をもつ大中華圏の出現である。

中国は世界の中心に位置し、周辺国はこれに従属すべきであるという中華思想を、中国人は歴史的に持っている。中華人民共和国成立以来、チベットを併呑し、インド国境で軍事衝突を起こし、一九七九年にはベトナムに五〇万の大軍を侵攻させた。また、西沙諸島を占領し、八〇年代には南沙諸島をも占領し、いままた日本の尖閣諸島を窺っている。まさに、力により勢力圏を拡大する覇権国への途をすすんでいるのである。

東アジアの覇権をめざす中国に対抗する存在は米国と日本であり、中華という覇権の成否はこの二国との関係のなかでほぼ決まってくる。

中国は、世界最強の覇権国である米国が日本を基地にして東アジアに進出し、中国の影響力を封じ込めようとしていると見ている。そして、これに対しては日本の大国化を阻止しつつ、できれば平和的に米国の覇権をくつがえすことを中国は考えている。

そのために中国は、武力衝突を慎重に回避しつつ米国の優位を弱めていくとともに、現世界秩序への主要各国の不満を利用して、世界の勢力地図を塗り替えていくためのプランをいくつも持っている。

その第一は、北のロシアとの関係を現状のまま固定し、西のインドとの関係改善をすすめ、南の東南アジア諸国への経済的・軍事的影響力を高めていくことである。このため、中国はロシア、ベトナムとの国境紛争を自国にやや不利な条件で穏便に解決し、インドとも国境画定の大筋をつけた。また、東南アジア諸国に対しては、中国ＡＳＥＡＮ自由貿易圏を提唱して公式協議をはじめるなど、着々と手を打っている。

第二は、統一した朝鮮半島を中国の影響下に入れるか、少なくとも日米との緩衝国として中立化することである。だが、統一にともなう混乱のリスクを避けるため、当面は中国にとって好ましい形での分断状態を維持するため、北朝鮮の存続を支持していく。

第三は、米国から、ユーラシア西端の欧州とくにフランス・ドイツや東端の日本を切り離すことである。この大戦略のもとに、東アジア共同体構想を推進して、政治・経済・安全保障面で日本を、さらにインドをとりこみ、米国・台湾・オーストラリア・ニュージーランドを排除する。

こうした中国の大戦略の線上に、日本の国連安保理常任理事国加入反対と反日デモがある。日本を米国から切り離し、かつ中国に従順な国とすることで米国の東アジアへの介入を断念させることが、覇権を確立する最大のポイントである。そのための核ミサイルにもまさる対日戦略兵器が、日本の歴史認識批判というソフトウエア爆弾なのだ。これには、米国の核もハイテク通常戦力も、抑止力とはならない。

江沢民の大号令

国家中央軍事委員会主席の江沢民《こうたくみん》は、二〇〇四年一二月中旬に人民解放軍を視察したとき、長期的な敵は米国、中期的な敵は日本、当面の敵は台湾独立勢力であると言明し、軍の体制を整えるように号令を下した。日本については、対峙すべき敵は日本軍国主義であり、領土問題などでいずれ日本と対決することもありうると示唆した。軍事委員会主席が国家の最高指導者である国は、軍国主義ではないというのだろうか。

中国の軍事関係週刊誌『軍事博覧報』は、中国が台湾統一に向け軍事行動を起こした際、米国が介入することを考慮し、核戦争もふくむあらゆる局面を想定して準備を進めていることを報じている。〇五年七月には、人民解放軍のスポークスマン的な立場にある朱成虎少将も、米軍による軍事介入があった場合、中国は米国に対し核兵器を使用すると公言している。

また日本が米軍を後方支援した場合、即「対中宣戦布告」とみなし、日本を攻撃対象にすることも明らかにしている。さらに、中国はセルビア・モンテネグロ、イラン、キューバ、北朝鮮などと同盟を結び、これら諸国に核技術を提供し、ロシアをふくめて世界的な反米軍事攻撃態勢を築くとしている。

軍事計画はあらゆる事態を想定して準備しておくものであり、実行するかどうかは「政治」の決定による。この報道はたぶんに恫喝的側面をもっていると思われるが、政治的決断の脆弱な日本には十分に効果が期待できる。胡錦濤《こきんとう》としても、共産党独裁の体制を維持して約一三億の人民を率いていくためには、色づけは若干変えても江沢民の政策を踏襲せざるをえないのだ。

ちなみに中国は、軍事力の量から質への転換を図り、近代戦を戦う能力を備えつつある。陸軍を中心に兵員を削減し、核・ミサイル戦力や海空軍を中心とした全軍の近代化を、一九八九年以降、一七年間にわたり国防費を毎年一〇％以上増強する猛スピードで推進している。

その成果として〇五年現在、台湾対岸に六五〇〜七三〇基以上のミサイルを配備し、日本を射程に入れた東風二一号や東風三号の中距離ミサイル一一〇基を配備している。また過去四年間の軍拡で、攻撃型潜水艦一三隻、上陸作戦用強襲艦二三隻を新たに保有し、攻撃型潜水艦は五五隻に達している。強襲艦は台湾海峡を渡って戦車や装甲車を上陸させる能力を持つものだ。

中国の海洋戦略

軍事力を重視し、大規模な軍近代化に着手した中国の当面の目標は、周辺地域で短期的な局地戦争を戦い、勝利する能力を保持することにある。具体的には、台湾が独立を強行した場合は武力により統一することであり、その際に介入してくる、日本を戦略拠点とする米国のハイテク統合軍を撃破することである。

中国軍が米軍と対抗するためには、海洋正面に縦深性のある防御線を構築しなければならない。この縦深性は、湾岸戦争からイラク戦争を通して見せつけた米軍の巡航ミサイルや精密誘導兵器の打撃力から、中国にとって死活的に重要な沿海部の政経中枢を防衛できるものでなければならない。それが第二講3節で述べた第一列島線と第二列島線である。

日本列島から南西諸島—台湾—フィリピン諸島をむすぶ第一列島線は、東シナ海、台湾海峡、南シナ海の最終防衛ラインを効果的に支配するものである。このラインの内側に海空軍の主力を展開し、米空母や艦艇、極東米軍基地からの攻撃に対抗する。

そして、第一列島線から、小笠原諸島―マリアナ諸島―グアムをむすぶ第二列島線の内側までの海域に、攻撃型潜水艦を展開し、機雷を敷設して、米海軍とくに空母群が自由に行動できないようにする。中国は、こうした海洋作戦能力を二〇二〇年頃までに獲得しようとしている。

この二つのラインのポイントとなるのが、台湾と沖縄である。台湾は中国にとって海洋戦略からも重要であるとともに、それより重要な共産党独裁の正統性を誇示するために統一しなければならない。そして沖縄を中心とする南西諸島を利用するためにも、日本を米国から切り離し、中国に従順な国とする必要があるのだ。

こうして見ると、〇五年八月一日発売の『世界知識』誌において、沖縄の主権の帰属が未確定であるとした北京大学歴史学部の徐勇教授の論文が、不気味にも脈絡をおびてくるのである。

この海域は海底油田・ガス田、漁場など海洋資源の宝庫であり、海洋開発戦略の対象海域でもある。日本は尖閣諸島、東シナ海中間線、沖ノ鳥島で、中国海軍の脅威に晒されている。日本の軍事力は、質の面ではアジアでは匹敵するものがないが、それを外交政策の手段とすることをみずからの憲法で禁止している。この中国にとって有利な状況を維持するためにも、日本に歴史認識の反省を求めつづけることが必要なのだ。

金日成の教示

北朝鮮の金日成《キムイルソン》国家主席は一九六八年一一月、科学院開発チームに対して、米本土を攻撃できる核兵器と長距離ミサイルを自力生産すべく、開発を急ぐよう命じた。また、協商と対話も一つの戦闘であり、敵との戦闘で譲歩というものはありえず、敵と妥協することは「革命」を放棄することを意味すると教示している。

「革命」すなわち南北統一という国家目的は、北朝鮮の憲法で「祖国統一を実現するために闘争する」と規定されている。いま、封建・専制・全体主義・社会主義国家という異常な体制が崩壊の危機にあるのは事実であり、南北統一の前に金正日体制の生き残りを図らなければならないという状況だが、「革命」を放棄することは政権の正統性にかかわるだけに、北朝鮮が南を併呑することをあきらめたとは思えない。

いずれにしても金日成の教示から、その跡を継いだ息子の金正日の核兵器開発と六ヵ国協議に対する意図が見えてくる。核兵器開発は「革命」または「体制存続」のための至上命題であり、六ヵ国協議をはじめ対話や協議は「戦闘」の場であって譲歩も妥協もない。

北朝鮮外交の目標は、金日成の時代から米韓の離間であり、対南工作の重点もここにあったが、思うにまかせない情況がつづいていた。ところが、韓国に親北・左派の金大中《キムデジュン》、盧武鉉政権の誕生という南風が吹いてきた。二〇〇〇年六月の金大統領と金総書記の首脳会談が、韓国内の北朝鮮への警戒と不信を吹き飛ばした。とくに盧政権は、北朝鮮を主敵と表現することも控えるようになり、ブッシュ政権の対北朝鮮政策とのギャップを埋めきれない。北朝鮮の脅威に対する認識の差は、米韓同盟の根底を揺るがしているのだ。

金正日にしてみれば、金日成時代からの願望でもあった、米韓の離間が向こうから転がりこんできつつあるのだ。あとは最大の脅威、米国との平和協定締結と国交の正常化を図れば、金体制は生き残り、米国にならって国交を回復してくる日本からの経済援助を獲得できる。経済を立て直せば、旧式化した軍事力の再建も可能となる。硬軟両様で「革命」を継続することができるのだ。

いずれにしても、戦争再発防止のみを考えて、対話と経済支援しかおこなわない盧大統領は、すでに金正日の手中にあることになる。中国は意のままにならない金正日に業を煮やしながらも、北朝鮮が米国の勢力範囲になることを恐れて支持・支援するしかない。ロシアは中央アジア諸国の離反に手を焼いているし、米国はイラクに足を取られている。日本は冷静に対話するというだけで、強硬策をとる「政治」の決断力をもたない。協議という戦闘は北朝鮮に有利に展開していると、金正日は考えているのではないだろうか。

金正日の瀬戸際政策

金正日の目的が「革命」の完成であるにしても、体制の存続であるにしても、当面の目標は米国との平和協定締結と国交正常化にある。この交渉のための切り札が、核兵器とテポドン・ミサイルの開発である。

ブッシュは二〇〇二年一月の一般教書演説で「北朝鮮は一般市民を飢えさせつつ、ミサイルと大量破壊兵器で武装を進めている政権」として、イラン、イラクとともに「悪の枢軸」と名指ししたが、イスラムとは無縁の北朝鮮を対テロ戦争の対象としてあげたのも、米国が要求する大量破壊兵器の管理に北朝鮮が従わないからである。

一九九四年一〇月の「米朝基本合意」を破った北朝鮮の核開発に対する米国の基本的態度は、北朝鮮が保有する核兵器・施設の全面廃棄と、廃棄したことの国際機関による完全な検証が必要であるというものだった。核兵器のほか、ミサイル開発の検証可能な抑制と輸出の禁止、通常戦力の配備をより脅威の少ない形にすることも求めている。ブッシュ政権の厳しさをます北朝鮮政策は、二〇万人と推定される囚人や脱北者の人権を擁護するための「北朝鮮人権法案」を成立させたように、党派を超えた米国の国家意思である。

にもかかわらず北朝鮮は、深刻な経済危機に直面しながらも大量破壊兵器や弾道ミサイル、大規模な特殊部隊を保持し、非対称的な軍事能力を強化していると考えられる。日本を射程に収めるノドン・ミサイルは約二〇〇基、さらに化学兵器・生物兵器も保持しているといわれている。〇三年五月、米国がイラク戦争で勝利した直後に核保有を宣言した北朝鮮の行動は、米国に対する重大な挑戦であった。イラクの次は北朝鮮となることを恐れた金正日が米国を牽制したものと思われるが、きわめて危険な対応だった。

北朝鮮がどのような瀬戸際作戦を使おうとも、米国は検証可能で後戻りできない核計画の放棄を譲歩する考えはない。ラムズフェルドは「万全な準備が整っている」と発言している。まさに、火を噴く戦争がおこなわれるまえの、国家目的と国益をかけた水面下の戦いが静かに交されているのだ。

ロシアは眠ったままか

プーチン大統領は第一期の就任時から、強いロシアの復活に重点を置き、なかでも経済成長の確保を重視している。このためにロシアの国益を冷静に判断し、実利主義的な外交を展開している。また、地政学的視点を重視し、バランス・オブ・パワー（力の均衡）とゼロ・サム・ゲーム（損得相殺）の視点から国際関係を判断する傾向を示している。

ロシアの外交政策は長期的にはアジア太平洋にシフトしてきているが、北東アジアでは日本よりも中国を重視している。中国はロシアと陸続きの長大な国境を接する隣国であり、外貨獲得の三大品目の一つである武器の最大輸出市場であるからだ。この中国が強大化する以前に、ロシアが実効支配してきた領土の一部を譲って（中ロ国境地帯のアムール川とウスリー川の合流地点の大ウスリー島など三島を中ロ間で二等分）、国境問題を全面的に解決した。その一方で、バランス・オブ・パワーの見地から中国の台頭を阻止するため、日米カード、インドカードを使って対中牽制外交を展開している。

プーチンは経済成長を確保するために、衰退しつつある東シベリアと極東地域の石油、天然ガス資源を開発し、日本・中国・韓国の市場へ輸出する条件を整備しようとしている。それにはこの地域への投資を外国から導入しなければならないが、期待のもてる日本から積極的投資を引き出すためには、北方四島の国境を画定して平和条約を締結することが必要である。そこで一時、プーチンは日本との領土問題を解決する強い意欲をもっていたようであるが、最近の動きはあやしくなっている。

ロシアは一九五六年の日ソ共同宣言にもとづいて、歯舞・色丹の二島返還をもって領土問題に最終決着をつけたいと考えている。だが、日本は九三年の東京宣言にもとづいて四島の返還が平和条約締結の条件としているから、なかなか決着をみない。そこで、北方四島を面積で二等分する案が浮かんだこともあるようだ。中露国境画定が合意されたときの方式だ。ところが二〇〇五年七月にはいると、ロシアには二島返還にも応じない動きが出てきたのである。

北方四島問題で、日本には三つの選択肢がある。第一は、二島返還で妥協して国後、択捉の返還は玉虫色にする。第二は、四島返還を求めつづけることであるが、ロシアは決して応じないから、ロシアの実効支配を結果的に黙認することになる。第三は、戦争に訴えても奪還する。

もちろん、日本は戦争を放棄しているので、第三の選択はありえない。ロシアもそれを承知しているから、ソ連が崩壊して国力が著しく低下した情勢下においても、四島返還には決して応じない。戦争に至ることなく四島を返還させる可能性のある方策は、奪回できるだけの軍事力を背景にして経済協力の利をあたえるという、アメとムチによる圧力をかけることだろう。だが、日本の「政治」にはこうした意思もないようだから、第一か第二の選択しかないのが現実である。

こうして歳月が過ぎて強いロシアが復活してくれば、北方四島問題は解決しないまま、またロシアの脅威におののかなければならない日がくることになるだろう。

プーチンの新軍事ドクトリン

冷戦の終焉により、核戦力と欧州正面の通常戦力を削減したロシアは、東方のアジア太平洋の安全保障に目を転じた。この地域におけるロシアの最大の脅威は、国力を増大し軍事力の近代化を推進している中国である。これを顕在化させないためのロシアの戦略は、中国と日米に対する外交的バランスをとり、日米同盟を暗黙裏に認めて中国を牽制する手段とすることである。

ロシア国防省は二〇〇三年一〇月、新軍事ドクトリン「ロシア軍近代化の指針」を公表した。その主要な点の第一は、ロシアと同盟国への脅威を防ぐために、先制攻撃の権利を留保するとしたことである。米国のブッシュ・ドクトリンと同様に、抑止の効かないチェチェン武装勢力との対テロ戦争に対してロシアも同じ結論を出したのだ。

第二は、「抑止力の限定的使用」を検討するとして、通常兵力の脅威に核兵器で対抗する可能性を示したことである。これは、米国がイラク戦争での経験から、地下深くの防空壕に潜んだ敵を叩くために、精密誘導兵器と小型核を組み合わせた新型核兵器の研究開発をすすめているのを意識しているといわれている。だが、アフガンやイラクで示したハイテク化した米軍の威力、または近代化を急速度ですすめている中国軍に、現ロシア軍の通常兵力は対抗できないための処置であるとも考えられる。

第三は、地域紛争にも柔軟に対応する方針を強調していることである。旧ソ連を構成した独立国家共同体諸国や、その周辺で不安定な事態が起きた場合、兵力配備を見直し、派兵も辞さない姿勢を示した。また、アフガンやその周辺の中央アジアを「潜在的に危険な地域」と位置づけ、先制攻撃の対象となりうることも示唆しているのだ。

これは、とくに中央アジアのトルクメニスタンでの、ロシア系市民に対する人権侵害などに警告したものとみられる。だが、ロシアの軍事評論家フェルゲンガウエル氏が指摘するように、現在のロシア軍は、独立国家共同体諸国などの近い外国であっても、国外で大規模な軍事行動を実行できる状態にはない。

こうした情勢下では、ロシアは日本にとって脅威とはいえないが、プーチンが現在の一〇〇万人体制を維持する方針を明らかにしたように、大陸軍国ロシアは「腐っても鯛」である。日本の長期的安全保障の観点からは、北方四島問題が解決されないかぎり、極東ロシア軍の存在を無視しつづけることはできないのだ。

2　米国のアジア太平洋政策

アジア太平洋の新冷戦

二〇〇五年一月におこなわれたブッシュ大統領の二期目の就任演説と、これに関連したライス国務長官の演説、さらに二月の日米安全保障協議委員会（2プラス2）の共同声明や、七月に公表された「中国の軍事力に関する年次報告」をつなぎ合わせると、二一世紀における米国のアジア太平洋政策と戦略の方向性が見えてくる。

ブッシュ大統領は就任演説において、世界の専制政治を打倒して民主政治を実現する「自由の拡大」を錦の御旗にかかげた。この方針をうけて、ライス国務長官は価値観を共有する同盟国・日本を最大のパートナーに、中東に続いてアジアでも民主化を推進していく姿勢を明らかにした。イラン、ミャンマー、北朝鮮だけでなく、中国にも「民意を反映する政府が必要」と述べ、民主化をうながすというのである。

また、ラムズフェルド国防長官は「中国の軍事力に関する年次報告」において、東アジア太平洋の覇権をめざして軍事力を増強する中国の野心を余すところなく描きだした。中国は増強した軍事力を背景に、みずから望む条件で台湾を統一し、そのあとはさらに西太平洋に乗り出してこの地域のシーレーンに影響をおよぼし、東アジア諸国の安全にとって相当の脅威になるであろうと警告している。さらに、中国は米国との武力衝突を回避しつつ、スーダン、イラン、ミャンマー、北朝鮮など専制国家群に惜しみなく経済支援をあたえて反米勢力を固め、東アジア共同体を作りあげて米国を東アジアから排除しようとしている、という。

これらの観測から見えてくる米中対立の構図は、まさに二一世紀の新たな冷戦がはじまったと言うことができるだろう。

中国に対する米国の戦略は、2プラス2の共同声明などから読み取ることができる。日米同盟を基軸として、台湾海峡問題の平和的解決と中国の軍事分野の透明性を高めることを促し、中国の軍事力を封じ込み、その経済を世界経済システムに取り込むことにより、一党独裁を突き崩し、政治的民主化を実現するというものである。

中国への対応と並ぶ米国の東アジアにおける戦略の柱として、アジア主要地域を横断する「不安定の弧」における国際テロや、大量破壊兵器の拡散に対する脅威、そして朝鮮半島問題がある。

国際テロや大量破壊兵器の拡散に対しては、米豪同盟やASEAN諸国との共同によって対応する。そして北朝鮮に対しては、日米同盟と米韓同盟、さらに中国とロシアを引き入れて、その核武装と軍事的暴発を阻止し、政治・外交・経済的手段によって国際社会の一員へと軟着陸させる。米国はこうした政策とともに、以下に述べるような軍事による対応も視野に入れ、硬軟両様の構えを推し進めているのである。

新たな戦争に対する国防戦略

米国防総省は二〇〇三年一一月二一日、二〇〇一年版「四年ごとの国防戦略見直し」の枠組みを使って作成した「二〇〇三年国防報告」を公表した。対テロ戦争が主軸となる二一世紀の戦争に対処する米軍の戦略、軍備とその配備の重点を明らかにしたものだった。

二つの計画から明らかになる米国の国防戦略は、世界の重要地域での脅威を抑止し、大規模戦争と小規模紛争に迅速かつ決定的に対応することから、テロリズムがもたらす危険を克服することまで多岐にわたっている。なかでも米軍が最優先で実行すべき事項は、テロ撲滅作戦の勝利、大量破壊兵器の拡散防止、国土安全保障である。

この戦略の要《かなめ》は即応能力であり、このため米軍は軽量で、柔軟性と機敏さを兼ね備え、突然の変化に即応できるような編成にする。また、テロリストが危害をくわえ、大量破壊兵器で威嚇することを阻止するために先制攻撃能力をもつとともに、戦後の平和回復にただちに移行できる能力も保持する。そして、米軍をより早く、幅広く展開するため、世界各地の駐留米軍の配備を見直し、海兵隊は世界のどこへでも二時間以内に展開できるようにする。

その能力としては、重複する二つの大規模紛争での侵略者を迅速に撃破し、そのうちの一つの紛争では体制変更か占領の可能性をふくむ決定的勝利を大統領が選択できるようにする程度とする。

二つの大規模紛争が生起する地域としては、北アフリカから朝鮮半島へと連なる「不安定の弧」、なかでも中東と朝鮮半島を想定している。東アジアでは、台湾海峡と朝鮮半島の安定という旧来からの戦略もふくめて、前方展開は今後も維持されることになる。

だが、米軍内で現在すすめられている「四年ごとの国防戦略見直し」では、同時期に二つの海外での大規模紛争に勝利するとした「二正面戦略」を維持するかどうかが検討されている。大規模テロ対策など米本土防衛を重視する必要から、二つの海外での大規模紛争に勝利するこれまでの戦略維持が可能かどうか疑問が浮上しているからだ。

一つの大規模紛争に勝利する能力しかないとの結論になれば、米軍は中東でテロリストやイランなどの無法者国家と戦いつつ、東アジアで北朝鮮に対する軍事的圧力を強めるということができなくなる。東アジアの安全保障は、しばらく北朝鮮の闊歩を許すこととなり、それは日本の安全保障政策にも大きく影響することになる。

新たな戦争を睨む米軍の再配備

ブッシュ大統領は「二〇〇三年国防報告」を公表した四日後、在外米軍の再編問題についての声明を出し、同盟国や友好国との本格的な交渉を開始すると発表した。今後一〇年間で、六万人から七万人の海外駐留米軍を引きあげ、欧州からは駐独陸軍を中心に約四万五〇〇〇人、東アジアからは駐韓米軍の一万二五〇〇人を削減するという計画である。

これまで二つの大規模紛争に同時に対処するという戦略にもとづいて、欧州と東アジアにそれぞれ約一〇万人の兵力を配備していたが、ソ連消滅による欧州の安定、9・11テロ事件以降の米本土防衛の必要性、そして軍事革命による米軍能力の向上から、グローバルな軍事態勢の変更に踏み切ったのである。

ラムズフェルドは在外米軍の再編について、コストのかかる駐留型より緊急展開能力を重視する、精密誘導兵器など軍のハイテク化を一段とすすめる、予測できない事態への対応能力を高めることの三点を明確に示している。軍事革命によって軽くて強い軍に生まれ変わったことで、輸送能力の向上とあいまって、人員の削減は十分にカバーできるという考え方である。こうして米軍は「不安定の弧」での対テロ戦争と、朝鮮半島や台湾海峡などの伝統的な地域紛争という二つの正面に対応する戦略を維持しようとしているのだ。

このために米軍は、欧州では英国、アジア太平洋では日本とオーストラリアを戦略的ハブ基地とする。そして、西太平洋から東アジアにかけて行動する米軍を統合して指揮するための司令部機能を日本に集中し、整理統合していくことになろう。

また「不安定の弧」に迅速に対応するために、このハブ基地と連接して「前線作戦基地」が設置される。この基地は小規模で身軽な支援部隊の常駐基地であり、候補地としては紛争が予想される地域を睨んで、東アジアから中央アジア、アフリカ、東欧など全世界にわたって選定が進められている。

在韓米軍の削減にともなって抑止力が低下するとの指摘に対しては、在日米軍基地やグアム基地から海軍、空軍、海兵隊が展開して侵攻を阻止する間に、展開能力を増大した陸軍を米本土から迅速に投入できるから問題はないとしている。グアムの米軍基地はB52・B2爆撃機、三隻目の原子力潜水艦を配備して強化している。

3　海洋国日本の安全保障

日本への脅威と地政学的選択

リムランドの東の縁に位置する海島国の日本は、必然的にシーパワーとランドパワーとの角逐の場となってきた。二一世紀の予想しうる将来において考えられる脅威も、ランドパワーのそれである。

その第一は、急速に国力を伸ばし軍備を強化し、東アジアに覇を唱えようとしている中国の脅威である。その様態としては、一つには日本固有の領土である尖閣諸島の領有権や東シナ海での資源開発をめぐって対立する中国との直接的な衝突であり、もう一つは、台湾海峡をめぐる米中両国の衝突が日本に波及するというものである。具体的には、その様相はいずれも、日本への中距離ミサイルによる攻撃と、急速に近代化を進めている海空軍を主体とした南西諸島への攻撃となるであろう。

第二は、大陸国に付随する半島国である北朝鮮の脅威である。具体的には、日本を標的として実戦配備されている二〇〇基以上のノドン・ミサイルと特殊部隊による攻撃である。この様態も、北朝鮮と日本との二国間の問題から発生する場合と、朝鮮半島における北朝鮮と米韓との戦いから波及する場合がある。

第三は、北方四島を一九四五年から占領したままのロシアの脅威である。かつてのような脅威ではないにせよ、いまだに無視しえない軍事力を保有しているし、ふたたび復活したときのことは頭の隅においておかなければならない。

第四は、ここまでの三つの脅威とは性質の異なる、国際テロ組織によるテロ攻撃の脅威である。二〇〇三年一〇月にビンラディンが発したと見られる声明で、日本もアルカイダのネットワークの攻撃対象国にあげられた。アルカイダは〇三年春以降、フイリピン南部のイスラム教徒地区に拠点を設けてテロリストの訓練をおこなっているといわれている。

四つのなかで、最大の脅威は中国、切迫した脅威は北朝鮮、将来の脅威はロシア、日常生活のなかに恒常化している脅威が国際テロ組織である。このように日本は、予測困難で複雑で多様な脅威が常態化しており、安全保障環境は戦後もっとも危険な情況にある。日米同盟の庇護のもと、みずからは汗を流さず安穏としていられた時代は過ぎさったのだ。

この脅威と地政学的位置から日本の安全保障を考えた場合、四つの選択肢が考えられる。

①米国の核の傘のもとで同盟を継続・強化する。②核武装をふくめて武装中立する。③中国の核の傘のもとで被宗主国となる。④ロシアの核の傘のもとで同盟国となる。

③と④の選択は、海洋国が大陸国と提携することであり、かつて大陸国ドイツと同盟して崩壊に向かったのと同じ轍を踏むことになる。とくに③は共産主義の独裁国の軍門に降ることであり、リムランドの主要国の提携を許さないシーパワー米国に対する第一線の防波堤の役目を負わされることになる。屈辱的でもあり、多くの者が拒否する選択だろう。

④の場合は、北方四島の返還と資源の優先的供給が得られれば考えられなくもないが、

ロシアはいまだ民主国家としての途が不透明であるうえ、中国と米国の双方に対応していかなければならなくなる。

②の選択は、一部の日本人の自尊心をくすぐるものだろうが、米国と中国の狭間で渡り合っていかなければならない道である。核武装の国民的コンセンサスも得られないであろうし、なにより国際政治の感覚が麻痺した日本の政治家にはとうてい無理な注文である。

①は、これまで安全に繁栄してきたメリットを維持できる現実的な選択であり、これ以外にないとも言える。だが、米国の世界覇権力は少しづつ低下していくことを頭に入れておかなければならない。中国の興隆、ロシアにくすぶる野心、米国の緩やかな衰退という情勢のなかで、日本は日米同盟を基軸としつつも、米国の力が低下した分を補強していく策を講じなければならない。

アジア太平洋の海洋同盟

日本は戦後、周辺国に対して腫れ物にさわるような控えめの姿勢を示し、かつ巨額の政府開発援助（ODA）をしてきた。だが、二〇〇五年四月に中国と韓国で起きた反日デモの嵐とそれに付随した一連の出来事は、この地域での集団安全保障体制の設立が夢のまた夢であることを思い知らせるものであり、二一世紀における日本の基本的な姿勢を考え直さなければならないことを示していた。共産党が独裁する中国と民主主義国の日本とでは、基本的な価値観や国家としての生き様が基本的に違うのである。

力を見せつけ、日本の過去を非難しつづけ、自国の要求を押し通そうとする中国に対して、力のない日本の外交は通用しないし、国益を守れない。また、多くの日本人を拉致して平然としている専制独裁国家の北朝鮮とは、いやでも対決していかなければならないし、イスラム過激派のテロとは戦っていかなければならない。日本の大戦略をもう一度しっかりと組み立てて出直すべきである。

そのためには、日米同盟と米豪同盟を基軸としてインドと提携し、この軸にASEANの海洋国とニュージーランドをくわえて、「パシフィック・インディア同盟」ともいうべきゆるやかな海洋国同盟を作り、中国との戦略的均衡をはかり、台湾海峡や朝鮮半島の地域紛争を抑止し、中国の武力による恫喝を封じていくべきではないかと考える。「脱亜入欧」ならぬ「脱陸入海」である。

アーミテージ前副長官が〇四年二月の日本記者クラブでの講演において、「日米両国は、地域と世界全体において中核となる戦略的利害を共有しており、また政治・経済面の価値観も共通しています」と語った。このことは日米間だけでなく、これらの国々との提携にもそのままあてはまる。民主主義国家、海洋国家として共通の価値観があり、長期的に安定した関係を維持でき、政治体制の激変によるリスクも少ないのである。

オーストラリアは資源大国であり、インドは二一世紀の成長大国である。ASEAN諸国もまだまだ成長する余地がある。日本のODAや民間投資も戦略的に考えて、価値観を共有してともに進むことができる、これらの国々に重点的におこなうべきである。経済といえども目先の利益に奔走するのではなく、長期的で戦略的な視点に立ち、リスクを低くしてトータルとしての利益を考える必要があるのではないだろうか。

日米豪印を中心とした海洋国同盟を基軸とする対外姿勢を明確に示し、かつ毅然として主張し行動していくことが、日本が国益を失うことなく、戦争を回避するために有効な大戦略と考えるのである。

集団的自衛権を認めよ

当面は、四つの脅威に対する日本の防衛政策は、日米同盟を基軸としていくことになる。その場合、日本有事と周辺事態を明確に区別することが可能であったり、周辺事態において日本だけが聖域になると考えることは非現実的である。朝鮮半島や台湾海峡での紛争はそのまま日本本土の防衛に連動してくるのだ。日米同盟の適用は地理的概念を超えて、事態の性質に応じて対応しなければならない。

日本が日本有事と周辺事態を区別してきた理由の一つには、集団的自衛権の行使をみずから封じてきたことがある。このため、日本有事に連動する周辺事態で米軍が戦っている場合でも、自衛隊は後方の危険がおよばない地域でささやかな後方支援しかできないという矛盾をはらんでいる。また、イラクに派遣された自衛隊が、他国の軍隊に守ってもらわないと行動できないという珍現象を呈しているのである。

政府が集団的自衛権の行使に踏み切らないのは、中国や韓国の「日本は歴史を反省していない」という批判を恐れてのことである。だが、そもそも周辺事態は日米が起こすのではなく、中国や北朝鮮の行動に対して日米が対応することによって発生するのだ。また、テロとの戦いは、世界共通の平和と安全を守るものであり、日本がアジアを侵略した過去の戦争における軍隊の行動とは本質的に異なる。戦争というものの理解ができていないから、確固とした信念をもって世界のために行動することができないのだ。

アーミテージ前副長官の指摘する「日本国内にも、この地域内にも、自信に満ちた日本に懸念を抱く人たちが今なおいると思います。そうした懸念は過去の亡霊で、現状に全く基づいていません。……集団的自衛権は、国際社会の多くの人々にとっては常識的な考え方であり、明らかに日本でもそう考える人が増えています」との言葉を斟酌《しんしゃく》すべきである。

集団的自衛権の行使を認めたうえで、安全保障基本法を制定し、自衛隊の活用と行動をきちんと律することこそが、真のシビリアンコントロールなのだ。無原則のまま、なし崩しに世界に出ていくことのほうがよほど危険であると知るべきである。独立国としてみずからの戦略情報をもって脅威を見積もり、各種事態に対して柔軟に対応する戦略を立て、日米同盟にもとづく共同の戦略のもとに行動すべき時代にきているのである。

日本攻撃の様相と対応

ソ連の崩壊によって、極東ソ連軍が大挙して北海道に侵攻してくるような大規模な侵略は当分のあいだ想定する必要はなくなったが、朝鮮半島や台湾海峡での紛争が日本に波及したり、尖閣諸島への侵攻などから紛争が拡大する可能性は十分にありうる。また、国際テロ組織によるテロ攻撃も十分に考えられる。

こうした場合、実際に日本が受ける攻撃の様相は次の四つに集約される。各様相は必ずしも単独ではなく、複合して生起することもあるだろう。

①中国や北朝鮮の弾道ミサイルによる恫喝、その一部による威嚇攻撃、②特殊部隊によるゲリラ攻撃、③南西諸島や対馬などに対する海空軍を主体とした攻撃、④国際テロ組織によるテロ攻撃である。

①の場合、中国や北朝鮮が日本に対して全面的に弾道ミサイル攻撃することは日米同盟によって抑止されると思われるが、政治目的達成のための恫喝として、またその実行を信じさせるため、一、二の目標が攻撃されることは考えておかなければならない。

これに対しては、すでに導入を決定したミサイル防衛システムで対応できる。このシステムを導入した戦略的効果は、ミサイル攻撃しても撃ち落とされる確率が高ければ攻撃を抑止することができるし、恫喝に対して「政治」が断固拒否する選択肢をもてることである。もちろん、実際に攻撃された場合にこれを撃ち落とせるという効果もある。

こうした能力を保有し、システムとしての技術革新を続けて信頼性を高めていけば、とくに北朝鮮が日本に対する弾道ミサイルを保有する意義は低下し、戦争になるまえに交渉に応じる可能性も高くなる。また、日本への弾道ミサイル攻撃の抑止力が高くなれば、日米による経済制裁なり、米国の先制攻撃なりの選択肢も増えるのだ。

②の場合の特殊部隊によるゲリラ攻撃は、実行した国は関与を否定することができるから、米軍による反撃を恐れる必要がなく、十分に起こりうるケースである。その国の要求に従わない日本の経済や社会を恐怖と混乱に陥れることが目的であるから、原子力発電所や通信システム・交通システム中枢などが攻撃目標となる。こうした攻撃目標は日本国内に多数あるため、これを防御するには多数の陸上部隊が必要になる。

③の場合、戦いの焦点となる島嶼の大きさや、その価値の軽重によって双方の軍事力の規模に違いが出てくるが、戦いの様相は海空戦力による制空権・制海権の争奪を主体にして戦われ、これに連動して島嶼の占領を目標とする地上部隊による着上陸作戦と、これを迎え撃つ対着上陸作戦が戦われることになろう。

この戦いの帰趨を決めるのは海空戦力であり、そのポイントはこれら兵力のハイテク化にあるから、日本としてはハイテク化された海空部隊を必要数装備して備えることが重要となる。この際、南西諸島方面では日本側の拠点となる沖縄の防衛が重要となるし、朝鮮半島正面では対馬から北九州・山口県北西部地域の防衛がポイントとなる。そして、③のケースには①と②のケースが連動する可能性があることを注意しなければならない。

以上のような攻撃を抑止することが日本の安全保障上、最も重要なことであり、そのためには日米共同作戦体制を完成し、毅然とした政治・外交姿勢によって堂々と日本と東アジア諸国の利益を主張し、圧力と交渉によって戦争になる前に解決しなくてはならない。

国際テロ組織への対応については、事項で述べる。

グローバルなテロとの戦い

国際テロ組織の活動には国境がなく、他の組織と連携するのが常態であるから、これと戦うには国際協力が不可欠である。米国を中心にテロ組織の動向についての情報を交換し、テロ資金の移動を阻止・凍結し、東南アジア諸国のテロ対処への支援をおこなうことなどが重要なのだ。日本も現状において可能な範囲で、世界中のテロとの戦いに参加するという国際協力をおこなっていくことが必要である。

同時に、国内における関係機関の連携も不可欠である。テロは平時の日常生活のなかで発生するから、日本の場合は平時の治安を担う警察組織を中心に関係省庁、地方自治体、民間機関が緊密に連携し、これを政府が一元的、総合的に統括する体制を構築すべきだ。

テロ対策の基本は、テロリストが標的に接近できないようにすることである。それには政府や自衛隊・警察の施設、空港や鉄道駅など交通機関、通信中枢施設、重要なインフラ施設の警備を強化し、入管や税関を強化して出入国・輸出入を厳格に管理することだ。

次に、対テロ行動である。「反テロ法」などを制定してテロ組織を非合法化し、その活動を困難にして、テロの計画準備段階、または実行前に情報を獲得して、テロリストの所在をつかみ、逮捕したり鎮圧する。

しかし、どれだけ予防措置を講じ、情報収集して対テロ行動をとっても百パーセント未然に防止することは困難である。テロが発生した場合に、その被害を最小限にし、社会不安やパニックの発生を抑制する措置を計画準備しておくことも重要である。

テロとの戦いでもっとも重要なことは、政府の最高責任者がテロに対応する毅然とした姿勢をもつことである。たとえば、9・11テロ事件のように航空機がハイジャックされたとき、目標に突入する以前に、これを撃墜する命令を発することができるか。ふだんから腹を決めておかないと、緊急時に沈着冷静にして勇気ある決断が下せるはずがない。

防衛力削減への疑問

日本政府は9・11テロ事件以降の情勢の変化と日米安全保障協議委員会の合意事項をうけて、二〇〇四年一二月一〇日に「新防衛計画の大綱」を決定した。

新大綱は、ソ連の崩壊によって日本に対する本格的な侵略事態が生起する可能性が低下したとして、新たな脅威や多様な事態に実効的に対応し、国際的平和協力活動に積極的に取り組むことに重点を移した。妥当な判断である。また、ミサイル防衛システムの導入を決め、自衛隊の統合運用の強化や情報機能の強化を決定したことも当然である。

新大綱の思想そのものは妥当なものであるが、別表に示された防衛力の整備内容には大きな問題がある。最初に予算削減ありきで、ミサイル防衛システム導入による一兆円の経費増をまかなうべく、陸海空の部隊装備を一律に削減しているのだ。ソ連という大軍の侵攻がなくなり、テロやゲリラの新たな脅威には従来の部隊や装備は不要との財政当局の考えだろうが、新たな脅威と多様な事態に対する戦いが理解できていない。

イラクで米軍が、旧イラク正規軍は少数精鋭のハイテク軍で撃破したが、テロ・ゲリラ攻撃には兵力数が少ないために苦しんでいる。日本は国土が小さいとはいえ、宗谷から与那国島まで縦長である。機動性をヘリコプターなどで高めるにしても、一六万人でも足りない陸上自衛隊の戦闘部隊を五〇〇〇人も削減しているし、全戦闘部隊をヘリ空輸できるほどには機動性を高めていない。

財政当局は、二五〇〇人いる北朝鮮の特殊部隊は、全員が集結して行動を起こすと考えているようだが、そのような行動をする特殊部隊は世界に存在しない。せいぜい十数人のグループに分かれて、一〇〇ヵ所以上の広域な目標を攻撃してくる。漁船や小型貨物船、旅客機などに多様な手段で潜入してくるのだ。これらを事前に探知し、捕捉することは不可能である。中央即応集団だけでは、全国一〇〇ヵ所以上の目標に対して分散攻撃してくるゲリラ部隊には対応できない。少なくとも方面総監部が所在する地域に、一個の即応集団が必要だろう。

海上自衛隊が守るべき海洋領土と一〇〇〇海里のシーレーンは広大であるし、イージス艦はミサイル防衛にあたるから、航空自衛隊は国土の防空だけでなく、海洋領土内の護衛艦などの防空も担当しなくてはならない。また、尖閣諸島周辺で海空部隊が戦っているときでも、北朝鮮に備えて展開している海空の艦艇や航空機は、朝鮮半島正面が平穏である保障がないため尖閣諸島方面に転用できない。こうした状況を考えたとき、海空の作戦用航空機七〇機の削減は問題である。

しかも、国際的平和協力活動のために、今後も陸海空部隊ともに海外にも展開しなければならない。要は、財政当局が防衛活動の実態を斟酌せず、たんに弱い立場の部門から予算を削減したのだ。日本が第一義的に対応しなければならない脅威という点では、戦後もっとも緊迫しているのが昨今の情勢である。国家予算の削減は、ほかの部門ですべきではないか。このような防衛力削減を許す「政治」が、日本の防衛を真剣に考えているとは思えないし、有事にまともな戦争指導ができるのかという疑念をもつのである。

「政治」の決断が問われる

9・11テロ事件後の激変した国際情勢のなかで、日本の「政治」は米国の新しい安全保障戦略に対応できるのかが問われている。米軍の再配備と在日米軍基地の問題は、日米同盟が東アジア、さらには世界的に平和と安全を確保するため、長期的な国家戦略という観点からも、危機に有効に機能するという戦略的観点からも重要な問題である。

日本における米軍の再配備は、アジア太平洋地域で行動する米軍の司令部機能を集中強化することと、在日米軍基地を整理統合して基地の存在による負担を軽減することを目標としている。

司令部機能の集中強化は日米同盟の抑止力を高めるし、航空機などの騒音被害を増やすこともない、歓迎すべき改善である。だが日本の「政治」は、米軍がアジア太平洋地域で行動する司令部の配置は、日米安保条約第六条の「極東」の範囲を逸脱するのではないかという法律論にかまけている。

基地の整理統合は日本全体としては負担が軽減されるものの、負担が軽減される地域と増える地域が出てくるなど、基地移転にともなう各地域の不公平や地位協定の運用といった大きな政治的リスクをともなう。

そのリスクを乗り切るためには、国内において日本の長期的安全保障の観点から、日米同盟や日本の防衛力のあり方を含めた総合的な議論を尽くさなければならない。また、関係自治体や住民に、在日米軍基地に対する理解をえる努力も必要になる。しかし根本に、現在の「政治」にこうした政治的リスクを負う作業をおこなうだけの能力や政治的基盤があるのかという問題がある。

沖縄基地の縮小は、米国のアジア太平洋戦略に占める沖縄の地政学的な重要性を抜きにして論じることはできない問題である。沖縄は、幕末に日本の開国をせまったペリー提督が中国沿海部や東南アジアへアプローチするうえで、日本本土よりもその位置に着目した要衝なのである。朝鮮半島、台湾海峡、日本本土、中東へ迅速に兵力展開をするうえで、沖縄をはずすことはできないのだ。

だが、この問題について小泉首相は、憲法と日米安保の枠内で、日本全体の負担を軽減する方針で対処するよう指示したという。新しい安全保障環境のなかで、同盟国アメリカと調整して戦略転換をはかろうという気概のかけらも見られないのだ。「不安定の弧」への対応力、とくに指揮機能と機動力を太平洋全域で飛躍的に高めようという米国の戦略に対して、日本は安保条約の拡大解釈を恐れて、ひたすら事態の先延ばしをはかっている。

ラムズフェルドは、在日米軍は日本だけではなく、朝鮮半島や台湾海峡から中東までの安全保障を対象としていると説明している。しかし日本は、集団的自衛権を発動しないという縛りをみずからに課して、在日米軍基地から出撃できる範囲を極東に限定している。あまりにも現実を無視した姿勢といわざるをえない。

日本はいま必要とする石油の九〇%を中東に依存しているが、その石油はアラビア海―インド洋―マラッカ海峡―南シナ海―バシー海峡・台湾海峡という「不安定の弧」のなかを通って日本に運ばれてくる。このシーレーンの安全を維持することは、日本にとって死活的に重要な意味をもつ、日本が最優先すべき課題である。

また、中国の東シナ海、太平洋への海洋進出と海軍力の増強は、台湾海峡の安定だけでなく、南西諸島の平和と安定にも脅威となっている。ただちに日中がこの地域で軍事的に衝突する情勢にはないが、尖閣諸島の領有や東シナ海の資源をめぐる対立がエスカレートした際、「日本に対する攻撃を自国に対する攻撃と受け止めて必要な行動をとる」と明言する米国の存在は、武力衝突を抑止する強大な力となっている。

日米同盟の将来と米軍の再編問題は、こうした現実と将来を無視しては考えられないのだ。集団的自衛権の行使を宣言し、基地問題を解決する決断と行動こそが、日本の安全保障のために「政治」が実行すべき第一の緊急課題なのである。

おわりに

筆者は本書を執筆する以前は、日本の近現代戦争史に取り組んできた。近現代史における軍部は深く日本の政策決定にかかわってきたため、当然、戦争を開始するという重大な決定にもかかわった。したがって日本人のなかに、軍部が戦争を決定し実行する、つまり戦争は軍隊が起こすという概念が苦い記憶とともにできあがったように思われる。

しかし、世界の近現代における戦争を見ていくと、政治指導者の野望や判断の誤りなどから戦争となることがほとんどである。考えてみれば当然でもある。クラウゼヴィッツが戦争を「政治におけるとは異なる手段をもってする政治の継続」と喝破したように、政治指導者は非軍事的手段による問題解決に行きづまって、最後の手段として戦争に訴えるからである。

日本のように戦争は軍隊が起こすと考えていると、現在では自衛隊ということになる。だが、自衛隊で勤務したことのある筆者が振り返ってみると、自衛隊の地位と権限は旧陸海軍のそれとは比べるべくもなく、防衛庁自体が日本の省庁のなかでもっとも弱い立場の部類にはいる。とても、日本を戦争に引きずり込むような力はないし、自衛官はすべて戦後の民主主義教育をうけて育った者たちであり、民主主義の常識をもっている。

それよりも将来、不幸にして戦争という事態に直面することがあれば、それは「政治」の決定によるものであろうことは疑う余地がない。

こうして見た場合、最初に述べたように国会における戦争や軍事についてのあまりにも不見識な議論が気になってしかたがないのである。いま日本の大学で数少ないながら教えられている安全保障も、その大半は政治、外交、経済的な要素である。世界の安全保障の中心には、いやでも軍事があり、現実に戦争は頻発している。たとえ、日本から決して手を出すことがなくても、攻撃されることを百パーセント避けられる保証はないのである。

筆者は戦争を推奨するために、戦争を学べと主張しているのではない。知らないことがもっとも危険であるといいたいのだ。ただ恐ろしいからと頭を下げているだけでは、国益を掠《かす》め取られるし、もっと大きな戦争に直面することを歴史は教えている。いやがらずに戦争を勉強し、戦争を知れば、戦わずして国益を損なわない途は必ず見つけられると思うのである。

民主主義国家において、「政治」を監視して適否を判定できるのは国民である。細部の専門事項をのぞけば、戦争や軍事はむずかしい話ではない。主権者である国民の多くの方にも、戦争を是非勉強していただきたいのである。

本書の企画は、講談社現代新書出版部の山岸浩史氏との会話のなかから生まれた。完成までの二年間、辛抱強く脱稿を待ち、かつ激励してくださったことに感謝申し上げる。

二〇〇五年八月

黒野　耐

主要参考文献

紙幅の関係から、引用・参照した頻度の高い文献に限定した（順不同）。

・曽村保信『地政学入門』中央公論社、一九八四年
・奥山真司『地政学　アメリカの世界戦略地図』五月書房、二〇〇四年
・河野収『地政学入門』原書房、一九八一年
・アルフレッド・T・マハン著、北村謙一訳『海上権力史論』原書房、一九八二年
・「マハニズムの研究」（『選択』一九九八年四～六月号）
・ジョージ・F・ケナン著、近藤晋一他訳『アメリカ外交50年』岩波書店、二〇〇〇年
・フランシス・フクヤマ著、渡部昇一訳『歴史の終わり』上・下、三笠書房、一九九二年
・サミュエル・P・ハンチントン著、鈴木主税訳『文明の衝突』集英社、一九九八年
・Z・ブレジンスキー著、山岡洋一訳『地政学で世界を読む』日本経済新聞社、二〇〇三年
・ヘンリー・A・キッシンジャー「米外交の地殻変動」（『読売新聞』二〇〇四年七月二五日

付）
・茅原郁生「新たな段階迎える中国の海洋戦略」（『世界週報』二〇〇四年一〇月五日号）
・安井久善編著『ナポレオン戦争概史』戦史教養叢書刊行会、一九六三年
・井上幸治『ナポレオン』岩波書店、一九五七年
・佐藤徳太郎『大陸国家と海洋国家の戦略』原書房、一九七三年
・佐藤徳太郎『近代西欧戦史』原書房、一九七四年
・アントワーヌ・A・ジョミニ著、佐藤徳太郎訳『戦争概論』中央公論新社、二〇〇一年
・クラウゼヴィッツ著、篠田英雄訳『戦争論』上・中・下、岩波書店、一九六八年
・井門満明『クラウゼヴィッツ「戦争論」入門』原書房、一九八二年
・石津朋之編著『戦略論大系④　リデルハート』芙蓉書房、二〇〇二年
・リデルハート著、森沢亀鶴訳『戦略論』上・下、原書房、一九七一年
・ヘンリー・A・キッシンジャー著、岡崎久彦監訳『外交』上・下、日本経済新聞社、一九九六年
・ブライアン・ボンド著、川村康之監訳『戦史に学ぶ勝利の追求』東洋書林、二〇〇〇

年
・マイケル・I・ハンデル著、防衛研究所翻訳グループ訳『戦争の達人たち』原書房、一九九四年
・石井修『国際政治史としての二〇世紀』有信堂、二〇〇〇年
・安井久善他編著『第1次世界大戦概史』戦史教養叢書刊行会、一九六五年
・赤木完爾『第二次世界大戦の政治と戦略』慶應義塾大学出版会、一九九七年
・尾鍋輝彦『二十世紀1』、『二十世紀5』中央公論社、一九七七・七九年
・河合康夫他編著『第二次世界大戦欧阿編概史』戦史教養叢書刊行会、一九六四年
・アルバート・C・ウェデマイヤー著、妹尾作太男訳『第二次大戦に勝者なし』上・下、講談社、一九九七年
・野田宣雄『ヒトラーの時代』講談社、一九七六年
・義井博『ヒトラーの戦争指導の決断』荒地出版社、一九九九年
・黒野耐『大日本帝国の生存戦略』講談社、二〇〇四年
・黒野耐『参謀本部と陸軍大学校』講談社、二〇〇四年
・久住忠男『核戦略入門』原書房、一九八三年
・中川八洋『現代核戦略論』原書房、一九八五年

・岩田修一郎『核戦略と核軍備管理』日本国際問題研究所、一九九六年
・小川伸一他「冷戦後の核兵器国の核戦略」（『防衛研究所紀要』三巻一号、二〇〇〇年）
・神谷不二『朝鮮戦争』中央公論新社、一九九〇年
・朱建栄『毛沢東の朝鮮戦争』岩波書店、二〇〇四年
・畝本正己編著『朝鮮戦争概史』戦史教養叢書刊行会、一九六三年
・松岡完『ベトナム戦争』中央公論新社、二〇〇一年
・ダニエル・エルズバーグ著、梶谷善久訳『ベトナム戦争報告』筑摩書房、一九七三年
・チャールズ・W・セイヤー著、井坂清訳『ゲリラ戦略』弘文堂、一九六五年
・加藤朗『現代戦争論』中央公論社、一九九三年
・リチャード・クラーク著、楡井浩一訳『爆弾証言　すべての敵に向かって』徳間書店、二〇〇四年
・ボブ・ウッドワード著、伏見威蕃訳『攻撃計画』日本経済新聞社、二〇〇四年
・冨澤暉編著『シンポジウム・イラク戦争』かや書房、二〇〇四年
・中村好寿『軍事革命（RMA）』中央公論新社、二〇〇一年
・酒井啓子『イラク戦争と占領』岩波書店、二〇〇四年
・福島清彦『アメリカのグローバル化戦略』講談社、二〇〇三年

・森本敏編『イラク戦争と自衛隊派遣』東洋経済新報社、二〇〇四年
・梅川正美・阪野智一編著『ブレアのイラク戦争』朝日新聞社、二〇〇四年
・畑中美樹『石油地政学―中東とアメリカ』中央公論新社、二〇〇三年
・H・ノーマン・シュワーツコフ著、沼澤洽治訳『シュワーツコフ回想録』新潮社、一九九四年
・フランク・N・シューベルト他編、滝川義人訳『湾岸戦争 砂漠の嵐作戦』東洋書林、一九九八年
・ラリー・ダイヤモンド「イラク占領の何が問題だったのか」(『論座』二〇〇四年一〇月号)
・防衛庁編『平成16年版 日本の防衛』国立印刷局、二〇〇四年
・岡部達味『中国の対外戦略』東京大学出版会、二〇〇二年
・金東赫著、久保田るり子編『金日成の秘密教示』産経新聞社、二〇〇四年
・重村智計『北朝鮮の外交戦略』講談社、二〇〇四年
・重村智計『最新・北朝鮮データブック』講談社、二〇〇二年
・島田洋一『アメリカ・北朝鮮抗争史』文藝春秋、二〇〇三年
・平成16年12月10日 閣議決定「平成17年度以降に係る防衛計画の大綱」

・防衛学会編『新防衛論集』第二六巻第四号、一九九九年
・国際安全保障学会編『国際安全保障』第三〇巻第四号、二〇〇三年
・『中東研究』2004／2005 Ⅱ。『問題と研究』二〇〇五年三月号
・第八講・第九講では、『NEWSWEEK』、『選択』、『世界週報』、『外交フォーラム』、『中央公論』、『論座』、『読売新聞』、『産経新聞』、『毎日新聞』、『朝日新聞』、『東京新聞』の二〇〇二年一月から二〇〇五年八月までの内容を適宜参照した。

講談社現代新書　1807

「戦《せん》争《そう》学《がく》」概《がい》論《ろん》

二〇〇五年九月二〇日第一刷発行

著者　黒《くろ》野《の》　耐《たえる》

発行者　野間佐和子
発行所　株式会社講談社
東京都文京区音羽二丁目一二―二一　郵便番号一一二―八〇〇一
電話　出版部　〇三―五三九五―三五二一
販売部　〇三―五三九五―五八一七
業務部　〇三―五三九五―三六一五
装幀者　中島英樹
印刷所　凸版印刷株式会社
製本所　株式会社大進堂
本文データ制作　講談社プリプレス制作部
定価はカバーに表示してあります　Printed in Japan

N.D.C.391　302p　18cm
ISBN4-06-149807-X

「講談社現代新書」の刊行にあたって

教養は万人が身をもって養い創造すべきものであって、一部の専門家の占有物として、ただ一方的に人々の手もとに配布され伝達されうるものではありません。

しかし、不幸にしてわが国の現状では、教養の重要な養いとなるべき書物は、ほとんど講壇からの天下りや単なる解説に終始し、知識技術を真剣に希求する青少年・学生・一般民衆の根本的な疑問や興味は、けっして十分に答えられ、解きほぐされ、手引きされることがありません。万人の内奥から発した真正の教養への芽ばえが、こうして放置され、むなしく滅びさる運命にゆだねられているのです。

このことは、中・高校だけで教育をおわる人々の成長をはばんでいるだけでなく、大学に進んだり、インテリと目されたりする人々の精神力の健康さえもむしばみ、わが国の文化の実質をまことに脆弱なものにしています。単なる博識以上の根強い思索力・判断力、および確かな技術にささえられた教養を必要とする日本の将来にとって、これは真剣に憂慮されなければならない事態であるといわなければなりません。

わたしたちの「講談社現代新書」は、この事態の克服を意図して計画されたものです。これによってわたしたちは、講壇からの天下りでもなく、単なる解説書でもない、もっぱら万人の魂に生ずる初発的かつ根本的な問題をとらえ、掘り起こし、手引きし、しかも最新の知識への展望を万人に確立させる書物を、新しく世の中に送り出したいと念願しています。

わたしたちは、創業以来民衆を対象とする啓蒙の仕事に専心してきた講談社にとって、これこそもっともふさわしい課題であり、伝統ある出版社としての義務でもあると考えているのです。

一九六四年四月　野間省一